날 알아주는 과외쌤처럼 친절한

걱정 마
수학

날 알아주는 과외쌤처럼 친절한

걱정 마 수학

초판 1쇄 발행 | 2017년 4월 3일
초판 2쇄 발행 | 2017년 8월 25일

지은이 | 김지영·김동현
펴낸이 | 박영욱
펴낸곳 | (주)북오션

편 집 | 허현자·김상진
마케팅 | 최석진
디자인 | 서정희·민영선
본문 디자인 | 조진일

주 소 | 서울시 마포구 월드컵로 14길 62
이메일 | bookrose@naver.com
네이버포스트 : m.post.naver.com ('북오션' 검색)
전 화 | 편집문의: 02-325-9172   영업문의: 02-322-6709
팩 스 | 02-3143-3964

출판신고번호 | 제313-2007-000197호

ISBN 978-89-6799-325-2 (43410)

날 알아주는 **과외쌤**처럼 친절한

걱정 마 수학

중1 과정

$\sqrt{a+15}$

$\dfrac{n1 - n2}{n3}$

김지영 · 김동현 지음

북오션 에듀월드

학생들에게 수학을 가르친 지 얼마 안 된 초보강사 시절, 어쩌다 가르치던 제자들이 경시대회에 나가서 좋은 성적을 받아 오면 저는 어깨가 으쓱해졌습니다. 수학에 재능을 가진 제자들이 점점 많아지자, 당연히 그 학생들을 제대로 가르치기 위한 준비가 필요했습니다. 교과서나 문제집의 교과 과정에 그대로 맞춘 수업이 아닌, 아이들이 수학을 제대로 배울 수 있는 수업을 하고 싶었고 그걸 위한 자료들이 필요했습니다.

　열심히 노력한 끝에 수업자료가 만들어졌고, 그걸로 진행되는 수업은 아주 즐거웠습니다. 안 그래도 웬만큼 수학을 좋아하던 아이들은 더욱 재미난 이야깃거리가 가득한 수학수업을 참 좋아했습니다.

　어느 날, 세상에서 수학이 제일 싫다고 하던 아이가 제 책상 위에 놓여 있던 '방정식 이야기'를 읽고 있는 것을 보았습니다. 경시반 수업에 쓰려고 준비해 놓은 자료였습니다. 제가 다가가자 멋쩍게 웃으며 "읽을 만하다"고 하고는 다시 자기 자리로 돌아갔지요. 밤늦게 일과를 마치고 잠자리에 누웠는데 그 친구 눈빛이 자꾸만 떠올랐습니다. 그 순간 '반짝!'하고 빛이 났었던 것 같았습니다. 학생들 안에는 알고자하는, 모르는 것을 배우고자 하는 욕구가 있습니다. 성적과는 상관없이 모든 학생들은 그런

욕구를 다 가지고 있습니다. "어? 할 만하네!", "수학이 이런 거였어요? 생각보다 재밌는데요?" 수학은 일찌감치 포기했다던 학생들이 이런 이 야기를 할 때, 그때가 바로 아이들 안에 감춰져 있던 욕구가 밖으로 슬쩍 나오는 순간입니다. 그때를 놓치면 안 됩니다. 다음 기회는 또 언제 올지 모르거든요. '아까 낮에, 그 친구 눈빛이 반짝이던 순간이 바로 그거였구 나!' 하고 깨닫게 되자 저는 심장이 콩닥콩닥 뛰었습니다.

제가 준비했던 방정식 자료에는 다음과 같은 내용들이 담겨 있었어요.
• 고대부터 연구되었던 방정식이 '한가한 수학자들의 지적 유희'에서 나온 게 아니라 실생활에서 부딪힌 어려운 문제를 해결하기 위해 '꼭!!' 필요했다는 것
• 그때의 방정식은 소설처럼 말로 길~~~게 씌어 있어서, 지금 중학 생들이 푸는 방정식보다 '훨~~~씬' 더 어려웠다는 것
• 방정식의 풀이법을 만들기 위해 노력한 수학자들과, 5차 이상의 방 정식의 풀이법이 없다는 것을 발견한 요절한 천재들
• 일상의 언어를 사용해 소설처럼 씌어 있던 옛날 방정식이 지금과 같 은 모양이 된 이유

저는 제가 가르치는 모든 학생들에게 방정식에 관한 이야기들을 들려주기 시작했습니다. 물론 방정식을 푸는 데 꼭 필요한 것들은 아니었습니다. 그것들을 몰랐을 때도 방정식을 푸는 데는 아무 문제가 없었습니다. 그런데 아이들이 방정식에 대해 아는 것이 늘어나면서부터 방정식 단원 수업이 많이 수월해지는 기분이었습니다. 이상하게도 진짜 그랬습니다.

전에는 개념을 설명해줘도 또 까먹고 또 까먹고……. 응용문제의 경우에도 이런 유형 따로, 저런 유형 따로, 전부 다 케이스 별로 따로 설명해주기를 원하던 학생들이었습니다. 그런데 기본 개념을 알려주면 자잘한 응용문제들은 스스로 해보겠다고 했습니다. 배운 것하고 모양만 조금 달라도 안배운거라고 우기던 아이들이 조금씩 변하기 시작한 것입니다. 방정식에 대해 제대로 알게 되는 과정 속에서 많은 학생들이 방정식의 의미와 필요성을 느끼게 됐던 것 같습니다. '의미'를 제대로 알고 '필요'를 느끼며 공부하는 것과 그렇지 않은 것은 사람들의 생각보다 훨씬 더 많은 차이를 만들어 냈습니다. 아이들이 수학을 덜 싫어하고, 더 나아가 수학에 자신감이 생기는 것은 당연히 따라오는 결과였습니다.

저는 방정식에 대해 공부하면서 '앞으로도 수많은 방정식이 만들어지고, 그것들이 우리 삶을 더 안전하고, 편리하고, 재미있게 만들어주겠구나'하는 기대와 설렘을 경험하곤 했습니다. 중1 수학을 처음 공부하는 학생들이 각 단원에 대해 이런 설렘을 갖게 되길 바라는 마음으로《걱정 마 수학》을 쓰게 되었어요. 그리고《걱정 마 수학》을 보며 공부한 친구들이 나중에 자라서, 우리 삶을 더 안락하게 해줄 방정식을 직접 만드는 사람이 되었으면 좋겠다는 꿈도 가지고 있습니다. 이 책을 통해 많은 학생들이 수학과 좋은 관계를 '새롭게' 맺을 수 있게 되길 바랍니다.

2017년 2월 여러분의 수학샘 김지영, 김동현

책 소개 및 활용에 대한 안내 QR

중학수학 각 학년의 첫 단원은 인류가 확장시켜 온 수 체계를 하나씩 배워 가는 것으로 시작한다. 중1 과정에서는 음수를, 중2 과정에서는 순환소수를, 중3 과정에서는 무리수를 각각 1단원에서 배우게 된다. 이렇게 '수'를 가장 처음 배우는 이유가 무엇일까? 그 이유는 다음과 같다.

인간 세상에서 일어나는 많은 문제들은 방정식을 통해 표현되었다. 우리 조상들은 방정식을 만들고 방정식의 해(답)를 구해서 그 문제들을 해결해 왔다. 그런데 1차방정식 같은 경우는 유리수 안에서 그 답을 모두 구할 수 있는데 반해, 2차방정식의 경우에는 유리수만으로는 그 답을 찾아낼 수 없는 것들이 많았다. 그래서 인류는 무리수라는 새로운 수를 만들어 2차방정식의 답을 표현했다. 3차방정식의 답 역시 마찬가지였다. i라고 표현되는 새로운 수가 있어야만 그 답을 나타낼 수가 있었다. 이런 과정을 생각하면 각 학년의 1단원에 '새로운 수'가 들어가 있는 것이 당연하다는 생각이 들 것이다. 답으로 나올 수를 모른다면 방정식을 풀 수 없을 테니 말이다.

새로운 수를 아는 것으로 시작해서 방정식까지 배우고 나면 1학기의 마지막은 '함수'라는 멋진 단원이 맡게 된다.

중학교에서 배우는 함수는 서로 영향을 주며 변화하는 두 관계를 식으로 표현한 것이다. 그런데 앞서 배운 방정식을 모르면 함수를 공부하는데 큰 어려움을 겪게 된다. 함수는 식을 그래프로 나타내서 정확히 이해하는 과정이 매우 중요한데, 그래프의 중요한 점인 x절편을 구하는 데 방정식이 꼭 필요하기 때문이다. 방정식이 함수보다 앞에 나오는 이유가 바로 여기에 있다.

다시 한 번 정리해보면 새로운 수들은 방정식의 해(답)를 구하기 위해 배우는 것이고, 방정식은 함수를 제대로 이해하기 위해 배우는 것이라고 할 수 있다. 결국 1단원부터 배우는 모든 것들이 함수를 향하고 있었다고 해도 과언이 아니다. 누군가 수학 공부를 할 때 가장 중요한 단원이 뭐냐고 묻는다면 망설이지 말고 '함수'라고 말하면 되는 이유가 바로 여기에 있다.

함수는 '수학의 꽃'이라고 불릴 만큼 수학에서 독보적인 위치를 차지하고 있다. 많은 학생들이 고등학교에 올라가서 일차함수, 이차함수, 삼차

함수, 사차함수, 합성함수, 역함수, 지수함수, 로그함수, 삼각함수……. 이렇게 끝도 없이 나오는 함수들을 보고 입이 쩍 벌어지는 경험을 하게 된다. 고등학교 수학이라는 것이 이렇게 함수의 연속이다 보니, 중학교 때 함수의 기본을 제대로 다지지 않으면 고등학교 수학은 어렵게 느껴질 수밖에 없다.

함수는 둘 간의 변화를 이해하고 그것을 그래프로까지 연결시켜야 하기 때문에 계산이 주(主)가 되는 다른 단원에 비하면 복잡하게 느껴질 수도 있다. 하지만 둘 사이의 관계를 표현한 식이 함수이기 때문에, 그 관계만 제대로 이해한다면 나머지는 그렇게 어렵지 않다. 게다가 그 관계를 쉽게 이해할 수 있도록 그림으로 보여주는 것이 그래프라고 생각한다면 함수에 대한 불편한 마음을 많이 줄일 수 있을 것이다.

앞으로 수학을 잘하기 위해서, 또 고등학교에 가서 수학을 포기하지 않기 위해서, 더 나아가 함수를 통해서 세상의 이치를 더 잘 파악하기 위해서, 지금 이 책의 첫 장을 펼치고 중등수학을 처음 시작하는 모든 학생들이 함수에 애정을 갖게 되길 빈다. 그리고 《걱정 마 수학》이 그 길에 좋은 친구가 될 수 있길 소망한다!

중등수학의 흐름도

수 확장	함수를 위한 준비	최종목표
1학년 음수	문자와 식, 일차방정식	정비례, 반비례함수
2학년 순환소수	연립방정식, 부등식	일차함수
3학년 무리수	인수분해, 이차방정식	이차함수

정수, 유리수 걱정 마!   2

정수와 유리수

정수와 유리수의 연산

방정식 걱정 마! 3

문자와 식

방정식

함수 걱정 마! 4

함수와 그래프

π

$y = x^2$

$y' = \dfrac{dy}{dx}$

$= 2x^2$

$\Rightarrow$

$\dfrac{1}{200}\dfrac{1}{18}$

$$= 3yx^2 + x^3 + 4y$$

소수
걱정 마!

$$z = yx^3 + 2y$$

$$z = \frac{az}{ax} + \frac{az}{ay}$$

1

Theme	갈래
소수 이야기	소수와 소인수분해
	최대공약수와 최소공배수

아주 중요한 소수?

원래 수(數)라는 것은 어떤 물건의 개수를 세기 위해 생겨났다. 그래서 자연수는 1부터 시작된다. 1부터 시작해서 1씩 커지는 이 자연수는 약수의 개수에 따라서 1, 소수(素數), 합성수(合成數)로 나눌 수 있다. 그런데 이 중에서 고대로부터 수학자들이 가장 중요하다고 여긴 수는 바로 소수(素數)였다. 고대 그리스에서부터 시작해서 많은 수학자들이 소수에 대해 연구하고 소수를 찾기 위해 노력해왔다. 소수를 얼마나 중요하게 생각했는지는 소수의 영어이름이 '프라임 넘버(prime number, 중요한 수)'인 것을 보면 짐작 할 수 있을 것이다.

소수는 약수가 '1'과 '자기 자신' 두 개 뿐이어서, '1'과 '자기 자신' 말고 다른 수로는 나누어지지 않는다. 때문에 '1과 자기 자신의 곱' 이외의 다른 자연수의 곱으로는 표현 할 수도 없다. 그리고 이 소수들이 서로 곱해지면 합성수가 만들어진다. 이 세상에 존재하는 모든 합성수는 소수들의 곱으로 만들어진 것이다. 다른 자연수를 만드는 씨앗이 된다는 의미에서 소수를 '씨수'라고 부르는 나라도 있다.

다른 수를 만드는 '씨앗'인 소수에 대해 잘 알게 되면 그 소수가 곱해져서 만들어진 합성수의 성질을 이해하고 활용하는 데 큰 도움이 된다. 씨앗이 갖고 있는 유전자가 열매에 그대로 반영되듯이, 소수가 갖고 있는 성질도 합성수에 그대로 나타난다고 생각하면 된다. 그렇기 때문에 어떤 수에 대해서 알고 싶다면 그 수를 만든 소수에 대해 알아야만 한다. 소수가 '프라임 넘버'인 이유도 바로 이것이다.

소수와 소인수분해

1. 거듭제곱

① **거듭제곱** : 같은 수나 문자를 여러 번 거듭 곱한 것을 간단히 나타낸 것

② **밑** : 여러 번 곱한 수 또는 문자

③ **지수** : 곱해진 수 또는 문자의 개수

거듭제곱

$$2 \times 2 \times 2 \times 2 \times 2 = 2^5 \xleftarrow{\text{ }} \text{지수}$$
$$\xleftarrow{\text{ }} \text{밑}$$

- 여러 번 곱해진 수는 '밑'
- 곱해진 횟수는 '지수'

$2^2 =$ | 4 $\qquad$ $3^2 =$ | 9 $\qquad$ $6^2 =$ | 36 $\qquad$ $11^2 =$ | 121

$2^3 =$ | 8 $\qquad$ $3^3 =$ | 27 $\qquad$ $7^2 =$ | 49 $\qquad$ $12^2 =$ | 144

$2^4 =$ | 16 $\qquad$ $3^4 =$ | 81 $\qquad$ $8^2 =$ | 64 $\qquad$ $13^2 =$ | 169

$2^5 =$ | 32 $\qquad$ $4^2 =$ | 16 $\qquad$ $9^2 =$ | 81 $\qquad$ $14^2 =$ | 196

$2^6 =$ | 64 $\qquad$ $5^2 =$ | 25 $\qquad$ $10^2 =$ | 100 $\qquad$ $15^2 =$ | 225

$2^{10} =$ | 1024 $\qquad$ $5^3 =$ | 125 $\qquad$ $10^3 =$ | 1000 $\qquad$ $16^2 =$ | 256

$17^2 =$ | 289

2. 소수와 합성수

① **소수** : 1 보다 큰 자연수 중에서 1과 자신만을 약수로 가지는 수

② **합성수** : 1 보다 큰 자연수 중에서 소수가 아닌 수

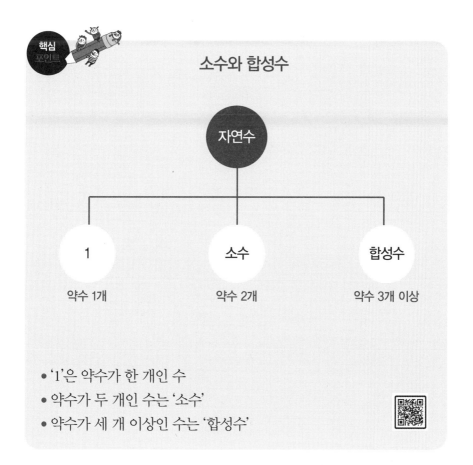

3. 소인수분해

① **소인수** : 어떤 자연수의 인수(약수) 중에서 소수인 수

② **소인수분해** : 자연수를 소인수만의 곱으로 나타내는 것

소인수분해

$$12 = 2 \times 2 \times 3 = 2^2 \times 3$$

'소수만의 곱'으로 나타내는 것이 소인수분해

• **분해** : 어떤 수를 곱하기의 형태로 나타내는 것

$$6 = \underline{2 \times 3} = \underline{1 \times 6}$$

소인수 분해   그냥 분해

• **인수** : 곱해서 어떤 수를 만드는 수 (약수와 같음)

| 6의 약수 | 1, 2, 3, 6 |
| 6의 인수 | 1, 2, 3, 6 |

→ 약수 = 인수

4. 에라토스테네스의 체

약수가 두 개뿐인 소수를 찾아내는 일은 사람들이 생각하는 것보다 훨씬 더 어려운 일이다. 천재적인 재능을 지닌 수학자들에게도 소수를 찾는 일은 매우 어려운 숙제였다. 그래서 고대로부터 수학자들은 소수를 찾는 쉬운 방법을 연구해왔는데, 그중에서 가장 효과적이라고 알려진 방법은 바로 고대 그리스의 에라토스테네스가 고안한 '에라토스테네스의 체'이다.

'에라토스테네스의 체'는 소수를 찾는 가장 쉬운 방법으로 지금까지 널리 사용되고 있으며 중학교 교과서에서도 이 방법을 이용해 소수를 찾게 하고 있다.

에라토스테네스의 체 이용하는 방법

1. 1은 소수가 아니므로 지운다. (1의 약수는 한 개뿐이기 때문이다.)
2. 가장 작은 소수인 2에 ○표를 하고 2의 배수는 모두 지운다.
   (2의 배수들은, 2에다 다른 수를 곱해서 만든 합성수이므로 소수가 아니다.)
3. 그 다음 소수인 3에 ○표를 하고 3의 배수는 모두 지운다.
   (3의 배수들 역시, 3에다 다른 자연수를 곱해서 만든 합성수이므로 소수가 아니다.)
4. 그 다음 소수인 5에도 ○표를 하고 5의 배수는 모두 지운다.
   (5의 배수들 역시 2와 3의 배수들과 같은 이유에서 소수가 아니다.)
5. 위 과정처럼 알고 있는 소수를 표시하고 그 배수를 모두 지운다.

이런 과정을 되풀이하면 100 이하의 소수를 쉽게 구할 수 있다.

1	2	3	4	5	6	7	8	9	10
11	12	13	14	15	16	17	18	19	20
21	22	23	24	25	26	27	28	29	30
31	32	33	34	35	36	37	38	39	40
41	42	43	44	45	46	47	48	49	50
51	52	53	54	55	56	57	58	59	60
61	62	63	64	65	66	67	68	69	70
71	72	73	74	75	76	77	78	79	80
81	82	83	84	85	86	87	88	89	90
91	92	93	94	95	96	97	98	99	100

1	②	③	4	⑤	6	⑦	8	9	10
⑪	12	⑬	14	15	16	⑰	18	⑲	20
21	22	㉓	24	25	26	27	28	㉙	30
㉛	32	33	34	35	36	㊲	38	39	40
㊶	42	㊸	44	45	46	㊼	48	49	50
51	52	㊿	54	55	56	57	58	㊉	60
㊱	62	63	64	65	66	㊅	68	69	70
㋋	72	㋍	74	75	76	77	78	㋏	80
81	82	㋒	84	85	86	87	88	㋘	90
91	92	93	94	95	96	㋝	98	99	100

소수와 소인수분해

50 이하의 소수 15개(2, 3, 5, 7, 11, 13, 17, 19, 23, 29, 31, 37, 41, 43, 47)를 눈에 익혀두면 중1때 뿐 아니라 수에 관한 어려운 문제를 풀 때 예상치 못한 곳에서 도움을 받을 수가 있다. 그러니 좀 번거롭더라도 위에 있는 15개의 소수를 잘 알아두자.

특히 10 이하의 소수인 2, 3, 5, 7은 고등학교 때까지 어느 단원을 배우건 양념처럼 끼어서 응용될 것이기 때문에 뇌를 거치지 않고도 입에서 툭 튀어나올 정도로 익숙해져야 한다.

또, 다음 문제처럼 소수와 합성수의 정의에 관한 문제는 출제될 확률이 100퍼센트이므로 반드시 알고 있어야 한다.

소수 문제

다음 중에서 틀린 것은?

① 자연수 중에서 약수가 2개뿐인 수를 소수라고 한다.

② 13은 1과 자기 자신만을 약수로 가지므로 소수이다.

③ 51은 약수가 4개인 합성수이다.

④ 1은 소수나 합성수가 아니다.

⑤ 소수는 모두 홀수로 이루어져 있다.

풀이

정답 : ⑤

⑤ 가장 작은 소수인 2는 소수 중 유일하게 짝수인 수이다.

중학교·고등학교 수학은 문자로 표현된 식을 잘 해석하고 다루는 능력이 매우 중요하게 생각되는데, 거듭제곱은 문자를 다룰 때 아주 기본적인 기술이 된다. 그래서 중학교 1학년 때 거듭제곱을 처음 배우게 되면 당연히 학교 시험에서도, 다음과 같은 문제를 통해 거듭제곱을 잘 알고 있는지 확인한다.

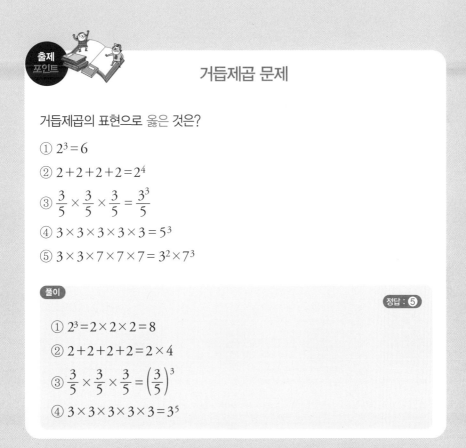

출제 포인트

거듭제곱 문제

거듭제곱의 표현으로 옳은 것은?

① $2^3 = 6$

② $2+2+2+2 = 2^4$

③ $\dfrac{3}{5} \times \dfrac{3}{5} \times \dfrac{3}{5} = \dfrac{3^3}{5}$

④ $3 \times 3 \times 3 \times 3 \times 3 = 5^3$

⑤ $3 \times 3 \times 7 \times 7 \times 7 = 3^2 \times 7^3$

풀이   정답 : ⑤

① $2^3 = 2 \times 2 \times 2 = 8$

② $2+2+2+2 = 2 \times 4$

③ $\dfrac{3}{5} \times \dfrac{3}{5} \times \dfrac{3}{5} = \left(\dfrac{3}{5}\right)^3$

④ $3 \times 3 \times 3 \times 3 \times 3 = 3^5$

소인수분해란 어떤 합성수를 그 안에 곱해진 소수들의 곱하기 형태로 표현하는 것을 말한다. 따라서 그 합성수 안에 곱해진 소수를 빠짐없이 찾아내는 것이 중요하다.

아래와 같이 24를 소인수분해하려면 먼저 소수인 2로 나눈다.(모든 짝수는 2의 배수이므로 짝수 안에는 반드시 2라는 소인수가 들어있다.) 이렇게 2로 나누는 것을 시작으로, 마지막 몫이 소수가 나올 때까지 계속 나눈다.

마지막 몫이 소수인 3이 나오면 그동안 24를 나누는 데 사용된 2, 2, 2, 3을 모두 모아서 곱한다. 그것들의 곱이 바로 24가 되고, 거듭제곱을 이용해 나타내면 $24=2^3\times3$이다. 이것이 바로 소인수분해이다.

$$
\begin{array}{r}
2 \,)\, 24 \\
2 \,)\, 12 \\
2 \,)\, 6 \\
\hline
3
\end{array}
$$

나누어 떨어지는 소수로만 나눈다

몫이 소수가 될 때까지 나눈다

$$\therefore 24=2\times2\times2\times3=2^3\times3$$

소인수는 작은 소수부터 차례로 쓰고, 소인수분해 결과는 거듭제곱을 이용해 간단히 표현해야 한다.

소인수분해 문제

84의 소인수를 모두 합하면?

① 6   ② 7   ③ 9   ④ 10   ⑤ 12

풀이

정답 : ❺

84를 소인수분해하면 $84 = 2 \times 2 \times 3 \times 7 = 2^2 \times 3 \times 7$임을 알 수 있다.

84를 만드는 데 사용된 소인수는 2, 3, 7 세 개다.

그러므로 소인수의 합은 $2 + 3 + 7 = 12$이다.

최대공약수와 최소공배수

수업
걱정 마!

1. 최대공약수

최대공약수란 공약수 중 가장 큰 수를 말한다. 즉 각 수 안에 곱해져 있는 수 중 가장 큰 수를 찾으면 그 수가 바로 최대공약수가 되는 것이다. 소인수분해를 배운 뒤에는 소인수분해를 이용해서 두 수의 최대공약수를 구하는 방법을 연습하게 된다. 그럼 소인수분해를 이용해 16과 28의 최대공약수를 구하는 과정을 한번 살펴보자.

최대공약수

두 수의 최대공약수를 찾기 위해서 먼저 16과 28을 소인수분해해서 ☐ 안에 알맞은 수를 써 보자.

[1단계]

16과 28을 소인수분해해서 ☐ 안에 알맞은 수를 써 보자.

16=　　　×　　　×　　　×

28=　　　×　　　×

[2단계]
이제 16과 28에 공통으로 곱한 수를 모두 찾아보자.

16= ②×②× 2 × 2

28= ②×②× 7

이렇게 찾아낸 수들을 곱하면 2×2=4가 되는데, 이것이 바로 16과 28의 최대공약수가 된다.

최대공약수 ➡ 2 × 2 = 4

- 공약수 : 공통인 약수

- 최대공약수 : 공약수 중 가장 큰 공약수

- 두 수의 공약수는 최대 공약수의 약수이다.

- 서로소 : 최대공약수가 1인 두 자연수

  1. 소수끼리는 언제나 서로소이다.

  2. 짝수끼리는 서로소가 될 수 없다. (짝수끼리는 항상 2라는 공약수를 가진다.)

  3. 홀수라고 해서 항상 서로소는 아니다. (3과 9는 공약수가 1과 3이다.)

2. 최소공배수

최소공배수는 공배수 중에서 가장 작은 공배수를 말한다. 배수는 끝없이 만들어 낼 수 있어 가장 큰 공배수는 찾을 수 없고, 존재하지도 않는다. 따라서 공배수를 다룰 때는 공약수와는 달리 가장 작은 최소공배수에 관심을 두게 된다.

최소공배수

두 수의 최소공배수를 찾기 위해서 먼저 8과 12를 소인수분해한 후   안에 알맞은 수를 써 넣어보자.

[1단계]
먼저 8과 12을 소인수분해한 후   안에 알맞은 수를 써 넣어보자.

$$8 = \quad \times \quad \times$$

$$12 = \quad \times \quad \times$$

[2단계]
이제 8과 12에 공통으로 곱한 수를 모두 찾아보자.

$$8 = \boxed{2} \times \boxed{2} \times 2$$
$$12 = \boxed{2} \times \boxed{2} \times 3$$

공통이 아닌 것

공통인 것

공통으로 곱해져 있는 2×2에다 나머지 공통이 아닌 2와 3을 곱하면 2×2×2×3=24가 되는데, 이것이 바로 8과 12의 최소공배수이다.

최소공배수 ➡ $\underbrace{2 \times 2}_{\text{공통인 것}} \times \underbrace{2 \times 3}_{\text{공통이 아닌 것}} = 24$

- 공배수 : 공통인 배수
- 최소공배수 : 공배수 중 가장 작은 공배수
- 배수는 계속 만들 수 있으므로 최대공배수가 없다.
- 나머지 배수가 알고 싶으면 최소공배수의 배수를 구해보면 된다.

소인수분해를 할 수 있게 되었다면, 다음은 소인수분해를 이용하여 약수의 개수를 구할 줄 알아야 한다.

아래 설명을 잘 읽고 18의 약수의 개수를 구해보도록 하자.

먼저, 18을 소인수분해한다.

18을 소인수분해하면

$$18 = 2 \times 3^2$$

소인수분해가 끝났다면 이제 그 결과로 표를 만든다. 표를 만들 때, 세로에는 2의 약수를, 가로에는 3^2의 약수를 쓴다. 이제 가로와 세로에 쓴 수들을 서로 곱해서 빈 칸을 채우면 18의 약수를 모두 구할 수 있다.

×	1	3	3^2
1			
2			

⇒

3^2의 약수

×	1	3	3^2
1	$1\times1=1$	$1\times3=3$	$1\times3^2=9$
2	$2\times1=2$	$2\times3=6$	$2\times3^2=18$

2의 약수   18의 약수

표를 이용해 구한 18의 약수를 써보면 다음과 같다.

18의 약수는

$$1, 2, 3, 6, 9, 18$$

시험 걱정 마!

최대공약수와 최소공배수

합성수의 약수를 구하는 방법은 3단계로 나눌 수 있으니, 이 3단계는 꼭 기억하자.

> 1. 소인수분해하기
> 2. 각각의 소인수를 이용해 표 만들기
> 3. 표의 가로와 세로의 수를 각각 곱해서 약수 찾기

- 약수를 구하는 과정은 서술형 문제로 자주 출제된다. 그 과정이 매우 중요하기 때문이다. 따라서 조금 번거롭더라도 그 과정을 잘 익혀 두어야 한다.

약수의 개수 구하기

소인수분해를 이용하여 196의 약수의 개수를 구하시오.

(1) 196을 소인수분해 하시오.

(2) 소인수분해 결과를 이용하여 표를 만들어 약수를 구하시오.

풀이

(1) $196 = 2^2 \times 7^2$

(2) 표를 만들어 구한 약수는 1, 2, 4, 7, 14, 28, 49, 98, 196이다.

×	1	7	7^2
1	1	7	49
2	2	14	98
2^2	4	28	196

소인수분해를 이용해 최대공약수를 구하는 방법은 다음과 같다.

$$20 = 2^2 \quad \times 5$$
$$30 = 2 \times 3 \times 5$$
$$\overline{\text{(최대공약수)} = 2 \qquad \times 5 = 10}$$

공통인 소인수
모두 곱하기!

지수가 다르면 작은 것 ———⬆   ⬆——— 지수가 같으면 그대로

1. 먼저 소인수분해 결과를 보고 공통인 소인수만 찾아서 아래에 적는다.

(어느 한쪽에만 들어있는 소인수는 공통인 약수가 아니기 때문에 적지 않는다.)

2. 공통인 소인수 중 지수가 작은 것을 선택해서 쓴다.

3. 이렇게 찾은 수들을 곱하면 최대공약수가 된다.

출제 포인트

최대공약수 구하기

소인수분해를 이용하여 다음 세 수의 최대공약수를 구하시오.

18=

30=

60=

풀이

$$18 = 2 \times 3^2$$
$$30 = 2 \times 3 \times 5$$
$$60 = 2^2 \times 3 \times 5$$

$$18 = 2 \times 3^2$$
$$30 = 2 \times 3 \times 5$$
$$60 = 2^2 \times 3 \times 5$$
$$\overline{2 \times 3 = 6}$$

최대공약수를 구할 때와 마찬가지로 소인수분해를 이용해서 최소공배수를 구할 수 있다.

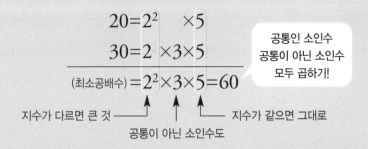

1. 먼저 소인수분해결과를 보고 모든 소인수를 아래에 적는다.

   (어느 한쪽에만 들어 있는 소인수도 써야 한다.)

2. 공통인 소인수는 지수가 큰 것을 선택해서 쓴다.

3. 공통이 아닌 소인수도 지수까지 똑같이 적어준다.

이렇게 찾은 수들을 모두 곱하면 최소공배수가 된다.

최대공약수 최소공배수 구하기

다음 세 자연수의 최대공약수와 최소공배수를 구하시오.

$$2\times3^3,\ 2\times3^2\times5,\ 2^2\times3^2\times7$$

풀이

$$2\ \times3^3$$
$$2\ \times3^2\times5$$
$$2^2\times3^2\ \ \ \times7$$
———————————
$$2\ \times3^2=18$$

최대공약수 18

$$2\ \times3^3$$
$$2\ \times3^2\times5$$
$$2^2\times3^2\ \ \ \times7$$
———————————
$$2^2\times3^3\times5\times7=3078$$

최소공배수 3078

주기매미와 소수

The ScienceTimes / August 13,2016

"미국 중서부 지방, 대규모 매미 떼 출현 전망

미국 중서부 지방이 곧 엄청난 매미 떼로 홍역을 치르게 된다.

17년을 주기로 번식하는 종류의 매미가 나타나는 올 여름에 중서부 곳곳은 엄청난 매미 소리로 일부 야외 행사가 변경될 정도의 곤욕을 겪게 된다.

시카고 필드박물관 학예사인 대니얼 서머스는 이 매미의 출현이 지구상에서 발생하는 최대 곤충 출현 현상의 하나라고 말했다.

매미는 사람을 물거나 찌르지 않지만 짝짓기를 위해 내는 굉음에 가까운 울음소리가 문제가 된다. 이들의 소리는 전화벨이나 잔디 깎는 기계, 전동 공구 소음을 압도할 정도로 크다.

올해 나타나는 매미는 이틀 사이에 거의 모두가 땅속에서 깨어나 성체로 되기 때문에 특히 많은 소음을 낸다.

이들은 땅속에서 나오자마자 수직구조물을 기어 올라가 허물을 벗고 날개를 펼친다. 엄청난 개체 수가 동시에 쏟아져 나와 숲이 우거진 지역에서는 4,000평방미터 정도의 면적에 150만 마리 정도가 밀집할 것이라고 전문가들은 예상하고 있다.

브루드 Ⅷ로 불리는 매미는 일리노이와 아이오와, 위스콘신, 미시간, 인디애나 주 등에서 출현할 전망이다. 이 매미의 수명은 30일 정도이며 수컷 한 마리가 부엌의 요란한 전동 블렌더기 소리와 맞먹는 90데시벨의 소음을 낸다. 전문가들은 이 매미들이 22일부터 6월 1일 사이에 출현할 것으로 예상하고 있다. 이 때문에 해당 지역에서는 올해 야외 행사의 일정이 조정되고 있다.

시카고 북부에서 103년의 역사를 자랑하는 음악축제인 라비니아 페스티벌은 이미 개최 일정을 변경했다. 일리노이 주에서 얼음 조각을 공급하는 한 업체도 몇몇 야외 파티의 얼음조각 주문을 거절했다. 이 매미 떼가 출현했던 1990년, 한 야외 결혼식 행사장에 백조 얼음 조각을 공급했을 때의 황당했던 기억을 되살리기 싫었기 때문이다. 이 업체 관계자들은 행사장에 얼음 조각을 내려놓자마자 순식간에 매미들이 조각을 뒤덮었고 다닥다닥 벌떼처럼 들러붙은 매미들이 끊임없이 움직이면서 도저히 눈 뜨고는 못 볼 지경이 됐다고 당시 상황을 전했다.

기사에서처럼 13년, 17년의 주기를 가지고 수십억 마리씩 떼를 지어 나타나 사람들을 놀라게 하는 매미가 있다. 이 매미들은 나타나는 해의 주기가 13, 17과 같은 소수인 까닭에 소수매미라고도 불린다. 매미는 생의 거의 대부분의 시간을 땅속에서 자라며 때를 기다리다가, 땅 위로 올라온 후 아주 짧은 기간(한 달 가량) 동안 짝짓기를 하고 생을 마감한다. 소수매미가 이렇게 소수 해에 나타나는 이유에 대해 정확히 밝혀지진 않았지만 수학자들은 '소수'에 의미를 두어 해석하기도 한다. 주기가 13년, 17년이 되는 매미들은 천적이 되는 다른 새나 곤충과 만날 가능성이 크게 줄어들기 때문에 살아남을 확률이 그만큼 커진다는 것이다. 또한 다른 주기를 가지고 있는 매미와도 생이 겹칠 가능성이 낮아져, 그만큼 생존경쟁에서 살아남기 쉬울 것으로 추측할 수 있다. 이는 모두 소수의 약수가 1과 자기 자신 뿐이라는 특성 때문이다.

(참고: EBS 배움너머 [매미가 살아남는 법])

소수의 무한함

　　유클리드(Euclid, B.C 330~275)는 고대 그리스의 수학자이다. 그가 쓴 《유클리드 원론》은 당시까지 알려진 수(정수론)와 도형(기하학)에 관한 이론을 체계적으로 정리한 책으로 알려져 있다. 《유클리드 원론》에는 소수의 무한함에 대한 유클리드의 증명도 실려 있는데, 그 내용을 학생들이 이해하기 쉽도록 바꾸어 소개하면 다음과 같다.

　　1단계 : 이 세상에 존재하는 소수의 개수가 유한하다고 가정하고, 그중 가장 큰 소수를 P라고 하자.

　　2단계 : 가장 작은 소수인 2부터, 가장 큰 수소인 P까지, 모든 소수를 곱한 수인 N을 만든다.

$$N = 2 \times 3 \times 5 \times 7 \times 11 \times 13 \times 17 \times \cdots \times P$$

　　3단계 : 이제 N에 1을 더한다.

$$N + 1 = 2 \times 3 \times 5 \times 7 \times 11 \times 13 \times 17 \times \cdots \times P + 1$$

　　3단계에서 만든 '$N+1$'을 자세히 살펴보자. 이 수는 이 세상에 존재하는 모든 소수를 곱한 다음 거기에 1을 더해서 만들었기 때문에, 어떤 소수로 나누어도 나누어떨어지지 않는 수이다. $N+1$은 어떤 소수로 나누어도 1이라는 나머지가 생기게 되는 것이다. 이것은

'$N+1$'이란 수가 합성수가 아님을 의미하는 동시에 그 전에는 모르고 있던 새로운 '소수' 임을 의미하기도 하는 '엄청난 사실'이다.

　위와 같은 1, 2, 3단계를 반복하면 새로운 소수를 계속 만들어 낼 수가 있다. 그렇다면 '이 세상에 존재하는 소수의 개수가 유한하다.'고 했던 1단계의 가정은 틀린 것이 된다. 유 클리드는 이런 방법을 통해 소수의 무한함을 증명했다.

　유클리드의 아이디어에 감탄한 학생들도 있겠지만, 놀라기엔 이르다. 유클리드의 천재 적인 증명솜씨는 10개밖에 안 되는 공리를 가지고 400개가 넘는 명제를 증명했을 정도 로 뛰어났다. 이러한 증명을 담은 《유클리드 원론》은 출판된 이후 20세기 초까지 근대 수 학의 교과서로 불리며 많은 수학자와 과학자들에게 큰 영향을 끼쳤다.

명제(命題)
참과 거짓을 정확히 구분 할 수 있는 식이나 문장을 명제라고 한다.

공리(公理)
증명할 필요 없이 '참'으로 인정되는 명제를 공리하고 하는데, 공리는 다른 명제를 증명하는데 근거로 사용된다. (예 : 삼각형의 내각의 합은 180°이다.)

16세기 말, 큰 소수를 찾아내는 효과적인 방법을 찾아낸 사람이 있었는데 그의 이름은 바로 프랑스의 수도사 '메르센(Marin Mersenne, 1588~1648)'이었다.

그는 2의 거듭제곱에서 1을 뺀 형태, 즉 2^n-1의 형태를 이용해 소수를 찾는 방법을 고안해 냈다. 그가 찾아낸 소수는 그의 이름을 따서 '메르센 소수'라고 부른다.

$2^2-1=3$	소수	$2^3-1=7$	소수
$2^4-1=15 \ (3 \times 5)$	합성수	$2^5-1=31$	소수
$2^6-1=63 \ (3^2 \times 7)$	합성수	$2^7-1=127$	소수
$2^8-1=255 \ (5 \times 51)$	합성수	$2^9-1=511 \ (7 \times 73)$	합성수

메르센의 방법을 따라 소수를 찾다 보면 n 대신 넣은 수에 따라서 그 결과가 소수인 경우도 있지만, 언제나 그런 것은 아니었다. 위의 표에서처럼 n 대신 2, 3, 5, 7을 넣어 얻은 값은 소수였지만 2, 6, 8, 9등을 넣어 얻은 값은 합성수였다. 그래서 계산 결과 나온 값이 소수가 맞는지 아닌지를 판단하는 것부터가 메르센 소수를 찾기 위한 첫 관문이었다.

그런데 n 대신 아주 큰 수를 넣었을 때 오는 값이 과연 소수인지 아닌지를 판단하는 것은 상상 이상으로 어려운 일이었다. 16세기 말에 메르센이 이 방법을 사용하기 시작한 후로 20세기 초까지, 사람들이 찾아낸 메르센 소수는 달랑 12개뿐이었다. 12개뿐이라는 사실에 실망하는 학생들이 있을지 모르겠다. 하지만 그 12개는 우리가 상상하기 힘들 만큼

의 엄청난 노력의 결과였다. 아마 그 수를 직접 눈으로 보면 왜 이런 이야기를 하는지 바로 알 수 있을 것이다.

인간이 찾아낸 12개 중 가장 큰 수인 $2^{127}-1$을 살펴보자.

$$2^{127}-1=170,141,183,460,469,231,731,687,303,715,884,105,727$$

쓰는 것은 고사하고, 한번 읽어보기도 힘든 이 수를 찾아내고 또 소수가 맞다는 것을 밝히는 과정이 얼마나 힘들었을지 가만히 머릿속으로 상상해보자. 오랜 시간을 숫자와 씨름하며 소수 찾기에 자신의 재능을 바친 많은 수학자의 그 놀라운 장인정신에 존경심을 갖지 않을 수 없을 것이다. 하지만 이렇게 극도로 어려운 소수 찾기도 '컴퓨터'라는 멋진 발명품에 의해 큰 진전을 보이게 된다.

1952년, 라파엘 로빈슨이 처음으로 컴퓨터를 이용해 157자리 메르센 소수인 $2^{521}-1$을 발견한 이후로 같은 해에 687자리 수인 17번째 메르센 소수까지 총 5개의 메르센 소수가 한꺼번에 발견되었다. 컴퓨터가 도입되면서 '소수 찾기' 속도가 그 전과는 비교할 수 없을 정도로 빨라진 것이다. 속도뿐 아니다. 슈퍼컴퓨터들은 인간의 힘으로는 불가능한 수준의 거대한 크기의 소수들을 찾아내고 있다. 2013년에 발견한 48번째 메르센 소수는 $2^{57885161}-1$로 알려져 있는데, 1700만 자리가 넘는 이 수는 사람이 직접 펜을 들고 쓴다면 석 달이 넘게 걸리고, 필요한 종이도 몇 천 장이 넘을 정도라고 하니 소수와 그것을 찾아내는 컴퓨터 모두에 놀라지 않을 수 없다.

(참고: http://news.zum.com/articles/28982578)

현상금이 걸린 수

고대에서 현대까지 존재하는 자연수 중 제일 값비싼 수는 바로 약수가 두 개뿐인 소수들이다. 2013년 센트럴 미주리대학의 커티스 쿠퍼 교수는 48번째 메르센 소수를 발견해 전자 프런티어 재단(Electronic Frontier Foundation, EFF)으로부터 3천 달러의 상금을 받았다.

GIMPS에서는 소수를 발견할 수 있는 컴퓨터 프로그램을 무료로 제공하고 전 세계 회원들의 컴퓨터를 연결해 공동 작업으로 소수를 찾고 있는데, 쿠퍼 교수 역시 GIMPS의 회원으로 알려져 있다.

EFF에서는 최초 1억 자리의 소수를 발견하는 사람에게는 15만 달러, 최초 10억 자리의 소수를 발견하는 사람에게는 25만 달러, 지금까지 발견되지 않은 소수를 발견하는 사람에게는 3천 달러를 상금으로 지급한다고 한다.

컴퓨터를 이용해 찾아낸 엄청나게 큰 메르센 소수들은 암호를 만드는 재료로도 사용된다.

거대한 규모의 소수 둘을 곱해 놓으면 그것을 다시 소인수분해하는 것이 거의 불가능에 가깝다고 한다. 슈퍼컴퓨터를 이용해도 몇 달 이상 걸리는 일이라고 하니 우리는 이것이 결코 쉬운 작업이 아니라는 것을 대충 짐작만 할 뿐이다. 소수이 이런 성질 때문에 1970년대에 RSA암호방식에 소수가 처음 도입된 이후, 소수는 보안과는 떼려야 뗄 수 없는 사이가 되었다. 그래서 보안, 금융, 통신 관련 회사들은 큰돈을 들여 소수에 대한 연구를 계속하고 있다.

π

$y = x^2$

$y' = \dfrac{dy}{dx}$

$= 2x^2$

$\Rightarrow$
$\Rightarrow$
$\dfrac{1}{200}$ $\dfrac{1}{18}$

정수, 유리수 걱정 마!

2

Theme	갈래
정수, 유리수 이야기	정수와 유리수
	정수와 유리수의 연산

정수와 유리수

　자연수와 더불어 분수나 소수까지 당당하게 수로써 대접을 받고 있을 때, '가짜수'라고 의심받으며 좀처럼 인정받지 못하는 수가 있었다. 17세기까지 수학자들에게 외면당했던 불쌍한 그 수의 이름은 바로 "음수'(negative number)였다.

　겨울철 한강마저 얼어붙게 만드는 −13.6℃ 같은 영하의 온도, 아빠의 얼굴을 그늘지게 만드는 주가 지수 −71.34P와 같은 표현은 현대를 살고 있는 우리에게는 너무나 익숙한 것들이다. 그래서 왜 그렇게 많은 수학자들이 음수를 비난하고 외면했는지를 이해하는 것은 쉬운 일이 아니다. 실력있는 수학자들조차 '−'부호가 붙은 이 '음수'를 놓고 '쓸데없는 수'라거나 '가짜 수'라고 의심하기 일쑤였는데, 실제로 셀 수도, 볼 수도 없을 뿐 아니라, 계산 법칙마저 이상한 음수는 수학자들의 속을 여간 썩인 게 아니었다. 오죽하면 그 이름을 네거티브 넘버(negative number, 부정적인 수)라고 지었을까?

　하지만 우리는 그 옛날의 수학자들보다 훨씬 더 긍정적인 마음으로 음수를 받아들일 수 있다. 0의 오른쪽(수직선에서 볼 때)에만 집중했던 초등

수학에서 0의 왼쪽으로까지, 우리의 '수(數) 세상(世上)'을 확장시켜주는 존재가 바로 음수이기 때문이다. 음수에 대한 첫인상이 어떠하냐에 따라 향후 우리의 수학인생은 매우 달라진다. 앞으로 우리의 '수학환경'이 음수를 빼놓고는 상상조차 할 수 없는 '음수 천지'로 바뀌기 때문이다. 하지만 걱정하지 않아도 된다. 여러분은 음수를 싫어했던 수학자들과는 다르게 이미 음수를 많이 접하고 살아왔다. 또 음수를 직접 눈으로 볼 수 있게 해주는 위대한 발명품도 나와 있다. (잠시 뒤에 소개할 그 발명품은 어디 가서 돈 주고 살 필요도 없이, 연필과 종이만 있으면 바로 그려 낼 수 있는 '무료상품'이라서 더 매력적이다.)

이제부터 그 옛날, 많은 사람들이 음수에 대해 가졌던 네거티브(negative)한 감정의 원인이 무엇이었는지, 또 음수가 정확히 무엇이고 어떻게 사용하면 되는지에 대해 알아보자. 그러다보면 여러분은 어느새 음수를 '당연'하고 '자연스러운 수'로 받아들이는 '성숙한' 중학생의 마인드(mind)를 갖게 될 것이다.

정수와 유리수

수업 걱정 마!

1. 정수

① **정수** : 양의 정수, 음의 정수, 0

② **양의 정수** : 자연수에 +를 붙인 수

③ **음의 정수** : 자연수에 −를 붙인 수

정수

핵심 포인트

정수 ─ 양의 정수(자연수) +1, +2, +3, …

 ─ 0(영)

 ─ 음의 정수 −1, −2, −3, …

- 정수는 양의 정수, 음의 정수, 0 까지 3종류
- 양의 정수의 '+' 부호는 생략할 수 있다
- 양의 정수 = 자연수

아래의 그림은 초등학교에서 배웠던 수직선이다. 수직선 시작점이 0이고, 0에서부터 1씩 커지는 자연수가 그려진 것을 볼 수 있다.

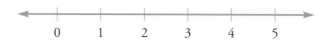

그런데 이제 우리는 새로운 수직선을 보게 될 것이다. 가운데 위치한 0을 기준으로 오른쪽과 왼쪽에 모두 수가 놓여 있는 새로운 형태의 수직선이다.

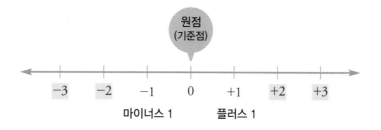

이 수직선의 가운데는 0이 있다. 수학에서는 기준이 되는 점을 '원점'이라고 부르는데, 이 수직선에서는 '0'이 기준이고, 그래서 0이 원점이 된다. 수직선에서는 '0'을 기준으로 0보다 큰 수는 오른쪽에, 0보다 작은 수는 왼쪽에 놓이게 된다. 0보다 1만큼 큰 수는 0에서 오른쪽으로 한 칸 떨어진 곳에 있고, 이 수는 '+1'이라고 쓴다. 0보다 1만큼 작은 수는 0에서 왼쪽으로 한 칸 떨어진 곳에 있고 '−1'이라고 쓰면 된다.

그렇다면 0보다 2만큼 큰 수는 무엇일까? 또 0보다 2만큼 작은 수는? 아마 금방 떠올릴 수 있을 것이다. 0보다 2만큼 큰 수는 +2(플러스 2)이고, 0에서 오른쪽으로 두 칸 떨어진 곳에 있으며, 0보다 2만큼 작은 수는 −2

(마이너스 2)이고, 0에서 왼쪽으로 두 칸 떨어진 곳에 있다. 0보다 큰 수, 즉 0의 오른쪽에 있는 수들을 나타낼 때는 '+'를 붙이는데, 이를 '양의 부호'라고 한다.

0의 왼쪽에 있는 수는 0보다 작은 수들이고, '−'를 붙여서 나타낸다. 이 '−'는 '음의 부호'라고 한다. 양의 부호인 +는 '플러스'라고 읽고, 음의 부호는 −는 '마이너스'라고 읽는다.

그러니까 0보다 3만큼 큰 수는 +3이고 0보다 3만큼 작은 수는 −3이 되는 것이다. 이 수들은 0으로부터 오른쪽, 왼쪽으로 3칸씩 떨어진 곳에 위치하고 있다.

0보다 커서 '양의 부호'인 '+'를 달고 있는 수들을 우리는 앞으로 '양수'라고 부르게 될 것이다. 또, 0보다 작아 '음의 부호'인 '−'를 달고 있는 수들은 '음수'라고 부르게 될 것이다. (학생들이 초등학교 시절 내내 보아왔던 0을 제외한 수들은 모두 '양수'들이었다.)

수학자들이 '음수'를 엄청나게 싫어했다는 이야기를 듣고, 음수가 무지 어려울까 봐 걱정했던 친구들은 아마 지금쯤 마음이 편안해졌을 것이다.

직접 음수를 본 것은 아니지만, 이렇게 수직선에라도 한번 나타내 볼 수 있다는 것은 음수를 이해하는데 매우 중요한 역할을 한다. 하지만 불행하게도 17세기 이전의 수학자들에게는 이러한 수직선이 없었다. 그래서 음수가 어떤 수인지를 이해하는 것 자체도 쉽지 않았고, 음수의 필요성 자체도 받아들이기가 쉽지 않았던 것이다.

수학자들조차 힘들게 느끼던 음수를 이렇게 쉽게 접할 수 있게 해 준 것을 생각하면 '수직선'에 고마운 마음을 갖지 않을 수 없다.(이 수직선을 처음으로 고안해 낸 사람은 프랑스의 유명한 철학자이자 수학자인 '데카르트' 이다.)

'자연수', '분수', '소수'처럼 수들도 저마다 이름이 있다. 이번에 소개할 수의 이름은 바로 '정수'이다. 정수는 앞으로 우리가 사용할 수들 중 가장 간단하고 깔끔한 수이고, 계산하기도 수월하다. 그래서 많은 학생들이 정수를 제일 좋아한다.

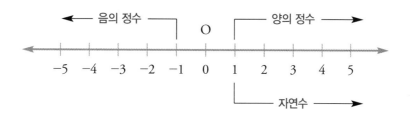

자연수에 +부호를 붙인 모양인 +1, +2, +3과 같은 수는 +부호가 붙었다고 해서 양의 정수, 자연수에 −부호를 붙인 모양인 −1, −2, −3과 같은 수를 −부호가 붙었다고 해서 음의 정수라고 한다. 양의 정수와 음의 정수는 0을 기준으로 나뉘게 되고, 수직선에서 0은 기준이 된다고 해서 원점이라고 부른다. 그리고 '양의 정수', '음의 정수', '0'까지를 통틀어(모두 합해서) 정수라고 부른다.

그런데 수직선을 가만히 살펴보면 +1, +2, +3... 과 같은 양의 정수는 자연수인 1, 2, 3... 과 동일함을 알 수 있다. 굳이 양의 부호인 +를 붙여 놓지 않아도 1, 2, 3을 보면 0보다 큰 +1, +2, +3이라는 것을 알 수 있기 때문에 +부호는 생략하고 나타내도 된다. 따라서 앞으로 부호가 붙어있지 않은 수를 보게 되면 그것은 +부호가 생략된 수라고 생각하면 된다. 그러니까 우리가 그동안 보아왔던 자연수들이 바로 양의 정수인 것이다.

2. 유리수

① **유리수** : 분수꼴(모양)으로 나타낼 수 있는 수

② **양의 유리수** : + 부호가 붙은 유리수

③ **음의 무리수** : − 부호가 붙은 유리수

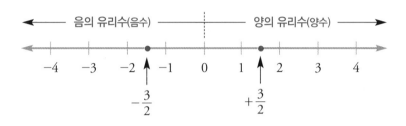

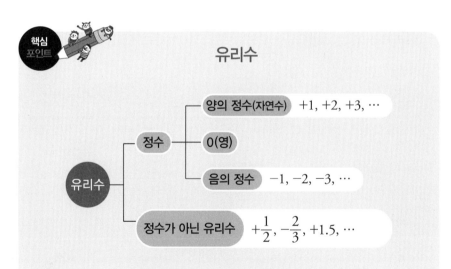

• 유리수는 정수와 정수가 아닌 유리수 두 종류

• 정수가 아닌 유리수는 분수나 소수로만 나타낼 수 있는 수

• 유리수는 분수꼴(모양)로 나타낼 수 있는 수

우리는 앞에서 자연수에 +, − 부호를 붙인 수들을 살펴봤다. 그럼 분수나 소수에도 +, − 부호를 붙일 수 있을까?

당연히 붙일 수 있다. $\frac{1}{2}$이나 1.5 같은 수에 + 부호를 붙여서 $+\frac{1}{2}$, +1.5와 같이 나타낼 수도 있고, − 부호를 붙여서 $-\frac{1}{2}$, −1.5와 같이 나타낼 수도 있다. 분수에 붙어있는 + 부호도 양의 정수처럼 생략 가능하다. $+\frac{1}{2}$, +1.5를 그냥 부호 없이 $\frac{1}{2}$, 1.5로 나타내도 전혀 지장이 없다.

그럼, $+\frac{1}{2}$, +1.5, $-\frac{1}{2}$, −1.5와 같이 분수나 소수에 부호가 붙어있는 수들은 뭐라고 부를까? 이 수를 바로 유리수라고 부른다.

유리수란 분수꼴로 나타낼 수 있는 수를 말한다. 그런데 유리수가 곧 분수라는 말은 아니다. 분수꼴로 나타낼 수 있다면 현재 모양이 분수가 아니어도 유리수이다.

지금쯤 아마 여러분의 머릿속에 바로 떠오르는 수가 있을 것이다. 그렇다. 바로 소수이다. 소수인 1.5도 $1.5=\frac{15}{10}=\frac{3}{2}$과 같이 분수 꼴로 바꿀 수 있기 때문에 유리수라고 부른다.

그렇다면 +2, −2와 같은 정수는 어떨까? 자연수를 분수로 고칠 수 있다는 것은 초등학교 때 이미 배워서 알고있는 친구들이 많을 것이다. 2를 $\frac{4}{2}=\frac{6}{3}$으로 표현할 수 있는 것처럼 −2 역시 $-\frac{4}{2}=-\frac{6}{3}$과 같이 분수 꼴로 나타낼 수 있다. 그러니까 2도 −2도 유리수인 것이다.

0도 마찬가지이다. $0=\frac{0}{1}=\frac{0}{2}=\frac{0}{3}=\cdots$등으로 다양하게 분수꼴로 표현이 가능하다. 따라서 양의 정수, 음의 정수, 0 모두 유리수라고 할 수 있다.

그럼 유리수가 아닌 수가 있을까? 지금 여러분이 머릿속으로 떠올릴 수 있는 수들 중 유리수가 아닌 수는 아마도 없을 것이다. 유리수가 아닌 수들은 앞으로 중학교 3학년 혹은 고등학교에 가서 배우게 될 텐데 $\pi, \sqrt{2}$, i처럼 기호가 있어야만 표현할 수 있는 수들이다. 여러분이 중1에 쓰게 되는 수는 모두 유리수라고 생각하면 된다.(1학년 2학기에 배우는 π는 무리수)

3. 절댓값

① **절댓값** : 수직선 위에서 어떤 수 a를 나타내는 점과 원점(0) 사이의 거리

② a의 **절댓값** : $|a|$

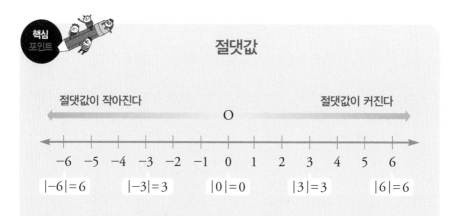

- 절댓값은 원점으로부터 얼마나 떨어져 있느냐를 나타내는 값
- 절댓값은 '0' 또는 '양수'
- 절댓값이 가장 작은 수는 '0'
- 절댓값이 클수록 원점에서 멀리 떨어진 수
- '0'을 제외하고 절댓값이 같은 수는 항상 2개

부호가 붙은 수들을 배우기 시작한 후부터 부호는 학생들의 수학인생에 기쁨과 슬픔을 안겨주는 무시할 수 없는 존재가 된다. 부호를 잘못보고 계산해서 쉬운 문제를 틀리는 경우도 생기고, 계산을 잘 해놓고 마지막 답을 쓸 때 '−' 부호를 깜빡해서 감점을 당하는 일도 비일비재하다. 부호에 주의를 기울이지 않는 학생들의 수학인생에는 종종 먹구름이 낄 것이다.

하지만 이렇게 중요한 부호를 '절대 신경 쓰지 말라'고 하는 명령어가 있다. 바로 '절댓값'을 나타내는 기호 '| |'이다. 이 기호를 이루는 두 개의 막대 안에는 '|+3|'처럼 수가 들어가게 된다. 이 기호가 나오면 우리는 미션을 수행할 준비를 해야 한다. 미션의 내용은 다음과 같다.

> "절댓값 기호 안에 들어있는 수가 0과 얼마나 떨어져 있는지,
> 그 거리를 구하시오."

|+3|이란 새로운 기호는 +3과 0과의 거리를 말해달라고 지금 우리에게 임무를 준 것이다. |−3| 역시 마찬가지이다. 그럼 어떻게 임무를 수행하면 될까?

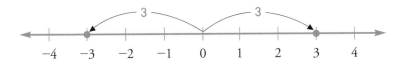

수직선에서 보면 +3, −3 모두 0과 3칸 떨어진, 거리가 '3'인 수들인 것을 알 수 있다. 그럼 이제 끝이다. 우리는 '3'이라고 대답만 하면 된다. 안에 들어있는 수의 부호가 무엇이든 0과 얼마나 떨어져 있는지만 말해주면 된다. (정확히 말하면 답은 항상 '양수'로만 쓰면 된다.) 앞으로 절댓값 기호 | |를 보면 망설이지 말고 바로 대답할 준비를 해야 한다. 그 안에 들어있는 수와 0과의 거리를 양수로 답할 준비 말이다.

4. 수의 대소 관계

① 수직선에서 오른쪽에 위치한 수가 왼쪽에 있는 수보다 항상 크다.

② 양수끼리는 절댓값이 큰 수가 더 크다.

③ 음수끼리는 절댓값이 큰 수가 더 작다.

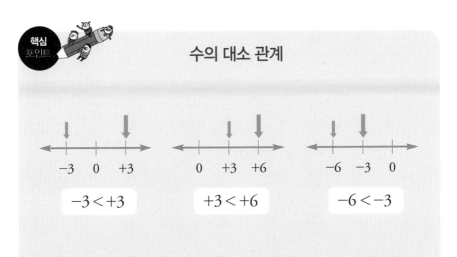

핵심 포인트

수의 대소 관계

$-3 < +3$

$+3 < +6$

$-6 < -3$

- 음수 < 0 < 양수
- 양의 정수 중 가장 작은 수는 1
- 음의 정수 중 가장 큰 수는 −1

수직선이 0의 왼쪽까지 확장이 되어 음수가 생겼어도 달라지지 않는 것이 있다. 바로 수직선에서는 오른쪽으로 갈수록 수가 커지고, 왼쪽으로 갈수록 수가 작아진다는 사실이다.

이와 같은 원리만 알면 수의 크기를 비교하는 일은 간단하다.

양수는 0의 오른쪽에 있으므로 0 < 양수이다.

음수는 0의 왼쪽에 있으므로 음수 < 0이다.

양수가 음수보다 오른쪽에 있으므로 음수 < 양수이다.

$$(음수) < 0 < (양수)$$

양수는 양수끼리 음수는 음수끼리 크기를 비교할 때도 수직선에서 어떤 수가 더 오른쪽에 있는지를 생각하면 쉽다.

정수와 유리수

시험 걱정 마!

수직선을 보면 0을 기준으로 양수와 음수가 대칭을 이루고 있기 때문에 하나의 절댓값을 가지는 수는 보통 두 개씩 찾을 수 있다.

절댓값이 4인 수는 : +4, -4

절댓값이 $\frac{2}{5}$인 수는 : $+\frac{2}{5}$, $-\frac{2}{5}$ 이렇게 말이다.

하지만 절댓값이 같은 수가 항상 두 개 존재한다고 하면 그것은 틀린 말이다. 절댓값이 0인 수(0과의 거리가 0인 수)는 0밖에 없기 때문이다.

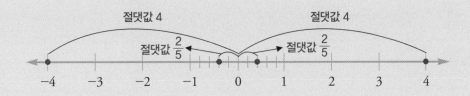

절댓값 문제

절댓값이 2와 9인 두 수가 있다. 이 두 수의 합이 가장 클 때를 a,

가장 작을 때를 b라 할 때, $a+b$를 구하시오.

(1) a, b를 각각 구하시오.

(2) $a+b$를 구하시오.

풀이

(1) 절댓값이 2인 수는 +2, −2, 절댓값이 9인 수는 +9, −9가 있다.

$a = 2 + 9 = 11$, $b = (-2) + (-9) = -11$

(2) $a + b = 11 + (-11) = 0$

수직선에 표시된 수를 읽는 것은 출제율이 매우 높은 문제이다. 따라서 연습을 많이 해야 한다. 이런 문제에서 많은 학생들이 실수하는 부분은 음수나 분수인데, 특히 분수를 읽을 때는 작은 눈금을 잘 세어서 분모를 정확히 파악해야 한다.

아래 수직선에서 점 D의 분모는 3이 되는데, 그 이유는 2와 3 사이를 세 칸으로 나누었기 때문이다. 이 눈금을 보고 정하는 것이다.

유리수와 수직선 문제

수직선 위의 점 A, B, C, D에 대하여 물음에 답하시오.

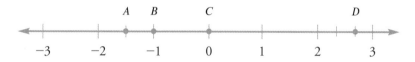

(1) 점 A, B, C, D에 대응하는 수를 쓰시오.

(2) $C \div D$ 값을 구하시오.

풀이

(1) 점 A : -1.5 또는 $-\dfrac{3}{2}$ 　　점 C : 0

　　점 B : -1 　　　　　　　　점 D : $\dfrac{8}{3}$ 또는 $2\dfrac{2}{3}$

(2) $C \div D = 0 \div 2\dfrac{2}{3} = 0$

새로운 수에 대해서 배우면 그 수가 들어 있는 수 체계를 잘 이해하고 있는지, 수들의 크기 관계를 정확하게 비교할 수 있는지를 묻는 문제가 꼭 출제된다. 이런 문제는 수의 정확한 개념을 알고 있어야만 틀리지 않는 유형이므로 틀린 부분을 꼭 정확하게 알고 넘어가야 한다.

유리수 문제

수에 대한 설명이 옳은 것을 모두 고르시오.

① 자연수는 정수이다.

② 가장 작은 정수는 0이다.

③ 수직선에서 −2보다 3이 오른쪽이 있다.

④ 5는 유리수가 아니다.

⑤ 유리수는 양수와 음수로만 이루어져 있다.

풀이

정답: **①, ③**

① 자연수는 양의 정수이므로 정수라고 할 수 있다.

② 음의 정수들은 모두 0보다 작은 정수이므로 틀렸다.

③ 3이 양수이므로 음수인 −2보다 오른쪽에 있다.

④ 5는 처럼 분수꼴로 나타낼 수 있으므로 유리수이다.

⑤ 유리수는 양수와 음수, 0으로 이루어져 있다.

양수의 크기 비교는 초등학교 때와 같은데, 음수는 새로 배우다 보니 크기 비교에도 혼란이 오는 친구들이 많다. 하지만 양수의 크기 비교가 잘 되는 학생이라면 걱정하지 않아도 된다.

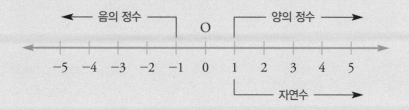

양수에서는 +1보다 +3이 더 크므로 +1 < +3이다.

하지만 음수에서는 −1이 −3보다 더 크다. −1 > −3 이유는 −1이 더 오른쪽에 있기 때문이다.

양수와 음수가 정 반대라고 생각하면 된다.

그러니 −9와 −100의 크기를 비교한다면 9 < 100을 구한 뒤에

두 수의 부호를 바꿔서 부등호를 뒤집으면 된다. −9 > −100 이렇게 말이다. 양수와 음수는 '반대로'라는 것을 명심하면 실수하는 일은 없을 것이다.

유리수의 대소 관계 문제

다음 중 대소 관계가 옳은 것은?

① $7 < 5$

② $-9 > -6$

③ $16 < \dfrac{3}{2}$

④ $\left| -\dfrac{3}{4} \right| < \left| -\dfrac{4}{5} \right|$

⑤ $-\dfrac{2}{7} > -\dfrac{1}{8}$

풀이

정답 : ❹

① $7 > 5$

② $9 > 6$이므로 음수에서는 반대 $-9 < -6$

③ $16 > \dfrac{2}{5}(=1.5)$

④ $\left| -\dfrac{3}{4} \right| = \dfrac{3}{4}$, $\left| -\dfrac{4}{5} \right| = \dfrac{4}{5}$ 이므로 통분하면 $\dfrac{15}{20} < \dfrac{16}{20}$

⑤ $\dfrac{2}{7} > \dfrac{1}{8}$이므로 음수에서는 반대 $-\dfrac{2}{7} < -\dfrac{1}{8}$

정수와 유리수의 연산

1. 부호가 같은 수의 덧셈

부호가 같은 두 수의 덧셈 : 두 수의 절댓값의 합에 두 수의 공통 부호를 붙인다.

$$\oplus + \oplus = \oplus \ (절댓값의\ 합)$$

$$\ominus + \ominus = \ominus \ (절댓값의\ 합)$$

핵심
포인트

부호가 같은 수의 덧셈

$$(\oplus 3) + (\oplus 4) \qquad (\ominus 3) + (\ominus 4)$$
$$= \oplus (3+4) = +7 \qquad = \ominus (3+4) = -7$$

절댓값의 합에 두 수의
공통인 부호를 붙인다

우리는 지금부터 부호가 있는 수들의 덧셈을 할 것이다. 우선 계산하기 전에 기억해둬야 할 것이 있다. 앞으로 우리는 수직선 위를 움질일 건데 항상 원점인 '0'에서 시작한다. 그리고 숫자 앞의 '+'는 오른쪽으로 움직이라는 명령어라고 생각하자. 반대로 숫자 앞의 '−'는 왼쪽으로 움직이라는 명령어가 된다. 부호가 있는 수들의 덧셈은 이것만 기억하면 끝이다.

가장 처음 도전해 볼 것은 (+3)+(+1)이다. 위에서 말한 대로 출발은 원점인 0에서부터 시작한다. (+3)은 '오른쪽으로 3칸 이동', (+1)은 '오른쪽으로 1칸'을 이동하라는 것을 의미한다. (+3)+(+1)은 '오른쪽으로 3칸 이동' + '오른쪽으로 1칸 이동'을 하라는 뜻이 된다. 그러면 최종 위치는 0에서 오른쪽으로 4칸이 되고, 답은 +4가 된다.

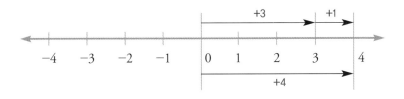

$$(+3)+(+1)=(+4)$$

그렇다면 음수끼리의 덧셈은 어떨까? 이 경우에도 원리는 같다.

(−3)+(−1)를 계산할 때도 항상 원점에서 출발한다. (−3)은 '왼쪽으로 3칸 이동', (−1)은 '왼쪽으로 1칸'을 이동하라는 뜻이다. 따라서 (−3)+(−1)은 '왼쪽으로 3칸 이동' + '왼쪽으로 1칸 이동'을 의미하므로 최종 위치는 '왼쪽으로 4칸 이동' 한 것이 되고, 답은 −4라고 쓰면 된다.

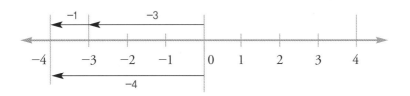

$$(-3)+(-1)=(-4)$$

2. 부호가 다른 수의 덧셈

부호가 다른 두 수의 덧셈 : 두 수의 절댓값의 차에 절댓값이 큰 수의 부호를 붙인다.

절댓값이 큰 수의 부호

부호가 다른 수의 덧셈

$$(\boldsymbol{+}\,3) + (\boldsymbol{-}\,4)$$
$$= \boldsymbol{-}\,(4-3) = -1$$

$$(\boldsymbol{-}\,3) + (\boldsymbol{+}\,4)$$
$$= \boldsymbol{+}\,(4-3) = +1$$

절댓값의 차에 절댓값이
큰 수의 부호를 붙인다

부호가 다른 두 수의 덧셈은 어떻게 하면 될까?

부호가 다른 수의 덧셈도 부호가 같은 수의 덧셈과 같은 방법으로 생각하면 된다. +숫자 는 오른쪽으로 그 숫자 만큼, −숫자 는 왼쪽으로 그 숫자 만큼 정확하게 움직이면 된다.

다만, 항상 명심해야 할 것은 언제나 시작하는 점은 '원점'인 '0'이라는 것이다.

이제 $(+3)+(-1)$을 계산해보자.

$(+3)+(-1)$은 '오른쪽으로 3칸' + '왼쪽으로 1칸' 움직이라는 것이다. 오른쪽으로 3칸 갔다가 다시 왼쪽으로 1칸을 돌아오게 되면 최종적인 위치는 '오른쪽으로 2칸' 이동한 것과 같다. 따라서 $(+3)+(-1)=+2$이다.

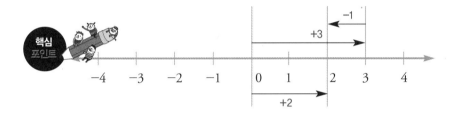

수직선의 화살표의 움직임을 보면 양수만큼 오른쪽으로 이동하고 음수만큼 왼쪽으로 이동해서 최종적으로 도착하는 점이 답이 된다. 오른쪽으로 더 많이 움직였는지 왼쪽으로 더 많이 움직였는지가 답의 부호를 결정하는 것이기 때문에 양수와 음수 중 누구의 절댓값이 더 큰지를 보고 답의 부호를 결정하면 된다.

$$(+3)+(-1)=(+2)$$

3. 뺄셈에서 덧셈으로

두 수의 뺄셈 : 덧셈으로 고쳐서 계산한다.

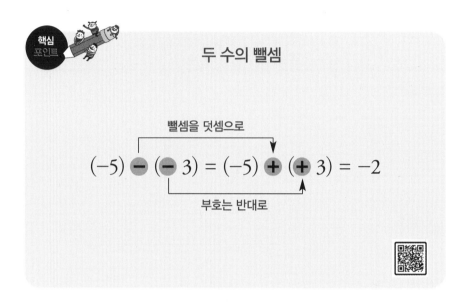

부호가 있는 수의 덧셈은 생각보다 너무 쉬워서 오히려 당황스러웠던 학생들도 있었을지 모르겠다. 그런데 뺄셈도 이렇게 쉽기만 할까?

$(-5)-(+2)$의 답은 뭘까? 뭔가 알쏭달쏭한 느낌이 든다. -3일까 아니면 $+3$일까? 그렇다면 $(-5)-(-2)$는 어떤가? 이 부호와 숫자를 보고 있으려니 아마 갑자기 답답함이 밀려들고 머리가 멍해지는 게 느껴질 것이다.

그 옛날 수학자들이 음수를 부정하던 이유 중 하나도 바로 이런 음수 뺄셈의 어려움 때문이었다. 부호가 있는 수의 뺄셈에 대한 많은 고민이 있었지만, 속 시원한 답을 내놓는 사람은 없었다. 하지만 포기할 수학자들이 아니었다. 결국 수학자들은 복잡한 뺄셈을 쉽게 하는 방법을 찾아냈다. 그것은 바로 어려운 뺄셈을 덧셈으로 바꾸어 계산하는 것이다. 그렇다고 빼야 할 수를 우리 맘대로 더해준다는 것은 아니다. 뺄셈을 덧셈으로 바꿔주는 대신 치러야 하는 대가도 있다.

$$(+5)-(+2)=+3 \qquad (+10)-(+3)=+7$$

$$\downarrow \quad \downarrow \qquad\qquad \downarrow \quad \downarrow$$

$$(+5)+(-2)=+3 \qquad (+10)+(-3)=+7$$

〈 계산 1 〉 〈 계산 2 〉

〈계산1〉을 보면 $(+5)-(+2)$는 자연수 $5-2$와 똑같은 계산이고, 그 결과는 $+3$이다. $(+5)+(-2)$ 역시 '오른쪽으로 5칸' + '왼쪽으로 2칸' 움직이면 $+3$이 답이라는 것도 알고 있다. 그런데 가만히 들여다보니 이 두 계산은 우리에게 뭔가를 보여주고 있다. 뺄셈을 덧셈으로 바꿔주는 대신, 뒤의 수의 부호를 바꿔주면 계산 결과가 똑같다는 것이다. 이 원리를 이용하면 어떤 뺄셈이라도 덧셈으로 바꿔서 쉽게 계산이 가능하다. 물론 뒤에 있는 수의 부호를 바꿔줘야 한다는 것을 절대 잊으면 안 된다.

4. 곱셈 1 – 뿔뿔뿔, 뿔마마

① **두 양수의 곱셈** : 두 수의 절댓값의 곱에 양의 부호 '+'를 붙인다.

② **양수와 음수의 곱셈** : 두 수의 절댓값의 곱에 음의 부호 '−'를 붙인다.

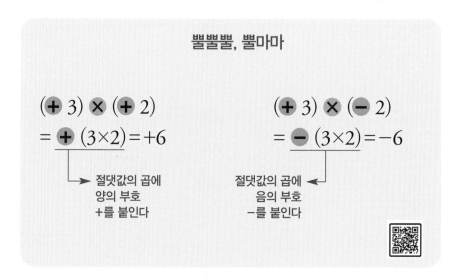

$3 \times 2 = 6$이다. 3×2는 3이 두 개 더해져 있는 것, 즉 $3 + 3$을 곱하기로 표현한 것이다. 이 곱셈에는 양의 부호가 생략되어 있는데 이를 다시 나타내 보면 $(+3) \times (+2) = +6$이 된다. 그럼 $(+3) \times (-2)$는 무엇일까? $+6$이 아닌 것은 확실하고, 아마 -6일 것 같다고 짐작은 가는데 그 이유에 대해 명쾌하게 답할 수 있는 친구들은 그리 많지 않을 것이다. 그렇다면 아래 계산들을 윗줄부터 차례로 한번 살펴보자. $(+3) \times (-2) = -6$이 되는 이유가 조금 명확해질 것이다.

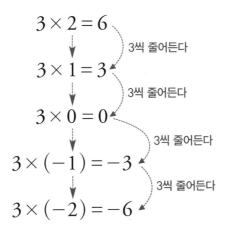

$$3 \times 2 = 6$$
3씩 줄어든다
$$3 \times 1 = 3$$
3씩 줄어든다
$$3 \times 0 = 0$$
3씩 줄어든다
$$3 \times (-1) = -3$$
3씩 줄어든다
$$3 \times (-2) = -6$$

첫 줄의 3×2는 3이 두 개 있는 것이므로 6이다.

둘째 줄의 3×1은 3이 1개 있는 것이니까 3이다.

셋째 줄의 3×0은 3이 하나도 없는 것이니까 0이다.

넷째 줄의 $3 \times (-1)$은 3이 수직선에서 '왼쪽으로 1개' 있는 것이니까 -3이라고 생각해도 좋다.

넷째 줄의 $3 \times (-2)$은 3이 수직선에서 '왼쪽으로 2개' 있는 것이니까 -6이라고 생각해도 좋다.

이런 식으로 3과 곱해지는 수가 2 ⇨ 1 ⇨ 0 ⇨ −1 ⇨ −2로 줄어들면서 결과도 6 ⇨ 3 ⇨ 0 ⇨ −3 ⇨ −6으로 3씩 줄어들고 있다. 그래서 $3 \times (-2)$가 −6이 된다.

'−'는 음수임을 나타내는 음의 부호이기도 하지만, 때로는 '왼쪽으로'라고 해석되기도 하고, '반대'라는 의미를 나타내기도 한다. 이렇게 부호를 다양하게 해석하는 것이 처음에는 낯설게 느껴지겠지만, 몇 번 하다 보면 금방 익숙해질 것이다.

➕ × ➖ = ➖ 뿔마마

$3 \times (-1)$은 $(-1) \times 3$과 같다.

$(-1) \times 3$은 (-1)이 3개 있는 것이다.

따라서 $(-1) + (-1) + (-1) = -3$이다.

$3 \times (-2)$은 $(-2) \times 3$과 같다.

$(-2) \times 3$은 (-2)가 3개 있는 것이다.

따라서 $(-2) + (-2) + (-2) = -6$이다.

5. 곱셈 2 - 마뿔마, 마마뿔

① **부호가 같은 두 수의 곱셈** : 두 수의 절댓값의 곱에 양의 부호 '+'를 붙인다.

② **부호가 다른 두 수의 곱셈** : 두 수의 절댓값의 곱에 음의 부호 '－'를 붙인다.

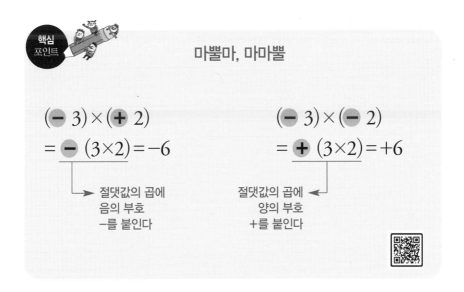

앞에서 양수와 양수의 곱은 양수, 양수와 음수의 곱은 음수라는 것을 알게 되었다. 그렇다면 음수와 양수의 곱은 어떨까? 3×2=6이다. 그런데 2×3을 해도 결과는 똑같이 6이 나온다.

$a \times b = b \times a$처럼 순서를 바꿔도 결과는 같다는 것을 '곱셈의 교환법칙'이라고 부른다. 같은 이치로 (+3)×(−2)=−6이므로 (−2)×(+3)=−6이 된다는 것을 알 수 있다. 양수가 앞에 오든, 음수가 앞에 오든 부호가 서로 다른 두 수가 곱해지면 결과는 음수가 된다.

$$(+3) \times (+2) = +6 \qquad \text{⊕} \times \text{⊕} = \text{⊕}$$

$$(+3) \times (-2) = -6 \qquad \text{⊕} \times \text{⊖} = \text{⊖}$$

$$(-2) \times (+3) = -6 \qquad \text{⊖} \times \text{⊕} = \text{⊖}$$

$$(-3) \times (-2) = ? \qquad \text{⊖} \times \text{⊖} = ?$$

이제 마지막으로 $(-3) \times (-2)$가 남았다. 3×2를 3이 두 개 있는 것으로 이해하는 것처럼 $(-3) \times (-2)$를 (-3)이 (-2)개 있다고 생각하기엔 뭔가 이상한 점이 많다. (-2)개라는 것은 존재하지 않기 때문이다.

$(-3) \times (+2)$는 (-3)이 두 개 있는 것이기 때문에 -6이 된다. 그럼 여기에서 출발해보자.

$$(-3) \times (+2) = -6$$
$$\big\downarrow \quad \text{} 3씩 커진다$$
$$(-3) \times (+1) = -3$$
$$\big\downarrow \quad \text{} 3씩 커진다$$
$$(-3) \times \quad 0 \quad = \quad 0$$
$$\big\downarrow \quad \text{} 3씩 커진다$$
$$(-3) \times (-1) = +3$$
$$\big\downarrow \quad \text{} 3씩 커진다$$
$$(-3) \times (-2) = +6$$

첫 줄의 (−3)×(+2)는 −3이 두 개 있는 것이므로 −6이다.

둘째 줄의 (−3)×(+1)는 −3이 한 개 있는 것이니까 −3이다.

셋째 줄의 (−3)×(+0)는 −3이 하나도 없는 것이니까 0이다.

이런 식으로 −3과 곱해지는 수가 2 ⇨ 1 ⇨ 0 ⇨ −1 ⇨ −2로 줄어들면서 결과는 −6 ⇨ −3 ⇨ 0 ⇨ 3 ⇨ 6으로 3씩 커지고 있다. 그 결과, (−3)×(−2)=6이 되는 것을 볼 수 있다.

같은 부호끼리 곱하면 ➕	다른 부호끼리 곱하면 ➖
➕×➕ = ➕ 뿔뿔뿔	➕×➖ = ➖ 뿔마마
➖×➖ = ➕ 마마뿔	➖×➕ = ➖ 마뿔마

6. 여러 수의 곱셈

① '−'가 짝수 개이면 전체 계산 결과의 부호는 '+'

② '−'가 홀수 개이면 전체 계산 결과의 부호는 '−'

$$(+3) \times (+2) = +6 \qquad \oplus \times \oplus = \oplus$$

$$(+3) \times (-2) = -6 \qquad \oplus \times \ominus = \ominus$$

$$(-3) \times (+2) = -6 \qquad \ominus \times \oplus = \ominus$$

$$(-3) \times (-2) = +6 \qquad \ominus \times \ominus = \oplus$$

위에 나오는 곱셈에서, 3과 2를 곱하면 6이 나온다는 것은 초등학교 때와 다를 게 없다. 다만, 곱하는 수들의 부호에 따라서 답의 부호가 결정되는 것만 차이가 난다. 그러니까 부호가 있는 수들의 곱셈을 할 때는 답의 부호가 '+'인지 '−'인지가 중요하고, 그 결정을 잘하느냐 못하느냐가 제일 중요한 것이다.

그런데 가만히 생각해보면 양수끼리 곱할 때는 전혀 문제가 없던 곱셈에 음수가 끼어들면서부터 '+'인지 '−'인지를 고민해야 하는 일이 생겼다. 그러니 사실 우리는 음수에만 집중하면 생각보다 쉽게 문제를 해결할 수도 있다.

양수끼리 곱할 때는 당연히 답이 양수이다.

$$\oplus \times \oplus = \oplus$$

그런데 곱하는 수 중 음수가 하나 끼어들게 되면 답은 음수가 된다.

$$\oplus \times \ominus = \ominus, \quad \ominus \times \oplus = \ominus$$

곱하는 수가 둘 다 음수가 되면 답은 양수로 바뀐다.

$$\ominus \times \ominus = \oplus$$

음수가 3개가 되면 어떻게 될까?

$$\ominus \times \ominus \times \ominus = (\ominus \times \ominus) \times \ominus$$
$$= \oplus \times \ominus = \ominus$$

위의 그림에서 볼 수 있듯이 두 개의 음수가 먼저 곱해져서 양수가 되고, 거기에 하나의 음수가 더 곱해지면 최종적인 답은 음수가 된다.

음수가 4개라면?

$$\ominus \times \ominus \times \ominus \times \ominus = (\ominus \times \ominus) \times (\ominus \times \ominus)$$
$$= \oplus \times \oplus = \oplus$$

두 개의 음수끼리 짝지어 곱해져서 양수가 되고, 양수끼리의 곱이 되므로 결과는 양수이다.

그러면 이제 정리를 해보자. 여러 개의 수를 곱할 때는 일단 부호는 신경 쓰지 말고 초등학교 때처럼 보이는 숫자들을 다 곱한다. 그리고 나서는 이제 음수가 몇 개인지 세어본다.

음수가 1개라면 결과는 음수 ➖

음수가 2개라면 결과는 양수 ➕

음수가 3개라면 결과는 음수 ➖

음수가 4개라면 결과는 양수 ➕

음수가 5개라면 결과는 음수 ➖

음수가 6개라면 결과는 양수 ➕

결론은

음수의 개수가 홀수 (1개, 3개, 5개, 7개…)이면 답은 음수 ➖

음수의 개수가 짝수 (2개, 4개, 6개, 8개…)이면 답은 양수 ➕이다.

7. 나눗셈

① **역수** : 곱해서 1이 되는 두 수. 역수인 두 수는 부호는 같고

　　분모와 분자가 바뀌어 있다. $\dfrac{b}{a}$의 역수 $\dfrac{a}{b}$

② **나눗셈** : 역수를 곱해서 계산한다.

나눗셈

나눗셈은 역수의 곱셈과 같다.

$$(+6) \div (+2) = +3 \quad \Rightarrow \quad (+6) \times \left(+\dfrac{1}{2}\right) = +3$$

$$(+6) \div (-2) = -3 \quad \Rightarrow \quad (+6) \times \left(-\dfrac{1}{2}\right) = -3$$

$$(-6) \div (+2) = -3 \quad \Rightarrow \quad (-6) \times \left(+\dfrac{1}{2}\right) = -3$$

$$(-6) \div (-2) = +3 \quad \Rightarrow \quad (-6) \times \left(-\dfrac{1}{2}\right) = +3$$

나눗셈은 $(+12) \div (+3) = (+12) \times \left(+\frac{1}{3}\right)$ 처럼 곱셈으로 바꾸어 계산할 수 있으므로 곱셈과 같은 방법으로 부호를 결정한다.

$$(+12) \div (+3) = +4 \qquad + \div + = +$$
$$(+12) \div (-3) = -4 \qquad + \div - = -$$
$$(-12) \div (+3) = -4 \qquad - \div + = -$$
$$(-12) \div (-3) = +4 \qquad - \div - = +$$

같은 부호끼리 나누면 ➕	다른 부호끼리 나누면 ➖
➕ ÷ ➕ = ➕ 뿔뿔뿔	➕ ÷ ➖ = ➖ 뿔마마
➖ ÷ ➖ = ➕ 마마뿔	➖ ÷ ➕ = ➖ 마뿔마

부호 결정은 곱셈 나눗셈이 동일하므로 따로 외우기보다는
같은 부호끼리면 ➕, 다른 부호랑 만나면 ➖로 기억하자!

정수와 유리수의 연산

유리수의 연산 문제 1

유리수의 곱셈과 나눗셈 문제에서 학생들이 가장 많이 실수하는 것은
바로 '부호'이다. 문제를 풀 때엔 일단은 부호를 신경 쓰지 말고 숫자만
모아서 계산을 마친 뒤 음수의 개수가 몇 개인지 세어 홀수개이면 −,
짝수개이면 +로 답의 부호를 결정하면 된다.

$4 \times (-6) \div \left(-\dfrac{3}{2}\right)$의 값은?

① -36 ② -16 ③ 16 ④ 24 ⑤ 36

풀이

정답 : ❸

세 수 중 음수의 개수가 2개 이므로, 답의 부호는 양수이다.
나눗셈은 역수의 곱셈으로 바꾸어 계산하면 된다.

$4 \times (-6) \div \left(-\dfrac{3}{2}\right) = +\left(4 \times 6 \times \dfrac{2}{3}\right) = 16$

유리수의 연산 문제 2

유리수의 계산문제에서 주의해야 할 포인트는 '뺄셈'과 '부호 결정' 두 가지이다.

뺄셈은 반드시 덧셈으로 바꾸어 계산하고,

곱셈과 나눗셈을 할 때는 음수의 개수를 세어 답의 부호를 정확하게 따져 주어야 한다.

유리수의 계산이 옳지 않은 것은 몇 번인가?

① $(-3)-(-2)=-1$

② $(+4)+(-7)=-3$

③ $-3+4-9+2=-6$

④ $(-7)\times 4\times(-2)=56$

⑤ $\left(-\dfrac{1}{6}\right)\times(-3^2)\times 2=-3$

풀이

정답 : ❺

① $(-3)-(-2)=(-3)+(+2)=-1$

② $(+4)+(-7)=-3$

③ $-3+4-9+2=-(3+9)+(4+2)=-12+6=-6$

　음수는 음수끼리, 양수는 양수끼리 모아서 계산한다.

④ $(-7)\times 4\times(-2)=56$ 음수의 개수가 2개이므로 답은 $+56$이다.

⑤ $\left(-\dfrac{1}{6}\right)\times(-3^2)\times 2=\left(-\dfrac{1}{6}\right)\times(-9)\times 2=3$,

　$(-3^2)=-9$이다. 음수가 2개이므로 답은 $+3$이어야 한다.

　$(-3)^2=(-3)\times(-3)=+9$로 (-3^2)과 다르다.

$$(양수)^{짝수}_{} \atop (양수)^{홀수}_{} \Big] \longrightarrow (양수)$$

$$(음수)^{짝수} \longrightarrow (양수)$$
$$(음수)^{홀수} \longrightarrow (음수)$$

양수는 언제나 변함없이 양수 **+**

음수는 지수가 짝수면 양수 **+**

지수가 홀수면 음수 **−**

거듭제곱의 계산 문제

다음 중 계산 결과가 옳은 것은?

① $-3^2=9$

② $(-3)^3=-9$

③ $(-1)^{99}=-99$

④ $\left(-\dfrac{1}{2}\right)^2=-\dfrac{1}{4}$

⑤ $\left(-\dfrac{3}{2}\right)^3=-\dfrac{27}{8}$

풀이

정답 : **⑤**

① $-3^2=-9$로

-3^2은 3^2에 (-1)이 곱해져 있는 것으로 생각해야 한다.

② $(-3)^3=(-3)\times(-3)\times(-3)=-27$이다. 음수가 3개 곱해져 있으므로 답의 부호는 $-$이다.

③ $(-1)^{99}=(-1)\times(-1)\times(-1)\times\cdots\times(-1)=-1$

$(-1)^{99}$은 -1이 99번 곱해진 것이므로 최종적인 부호는 음수가 되고, 1은 아무리 계속 곱해져도 1이기 때문에 답은 -1이다.

④ $\left(-\dfrac{1}{2}\right)^2=\left(-\dfrac{1}{2}\right)\times\left(-\dfrac{1}{2}\right)=\dfrac{1}{4}$

⑤ $\left(-\dfrac{3}{2}\right)^3=\left(-\dfrac{3}{2}\right)\times\left(-\dfrac{3}{2}\right)\times\left(-\dfrac{3}{2}\right)=-\dfrac{27}{8}$

음수의 이해

데카르트(Rene Descartes, 1596~1650)의 좌표계가 등장하기 전, 사람들에게 음수는 눈에 보이지도 않고, 실제 존재하지도 않는 것 같은 이상한 수였다. 그래서 그런 수를 굳이 연구하고, 계산해야 하는지에 대해 수학자들마다 의견이 분분했다. 유명한 수학자였던 파스칼 (Blaise Pascal, 1623~1662)조차 '0보다 작은 수는 없다'라고 음수의 존재를 부정했고, 17세기까지 대부분의 수학자들이 작은 수에서 큰 수를 빼는 것은 불가능하다고 생각했기 때문에 그 답으로 나오는 음수도 인정하지 않았다. 세월이 지나 일상적인 필요에 의해 어쩔 수 없이 음수를 인정하고 나서도 수학자들이 음수에 대해 제대로 이해하기까지는 오랜 시간이 걸렸다.

음수는 '0보다 작은 수'를 나타내는 말이다. 하지만 문제를 풀다 보면 '왼쪽으로'의 의미로 받아들여야 할 때도 있고, 어떤 때는 '반대로'의 의미로 받아들여야 할 때도 있다. 음수의 곱셈을 이해할 때는 양수의 상대적인 개념으로 이해해야 하기도 한다.

스위스의 수학자이자 물리학자인 오일러(Leonhard Euler, 1707~1783)는 그의 저서 《대수학 입문》에서 "빚을 갚는 것은 선물을 받는 것과 같다"라는 비유를 들어서 음수의 뺄셈이 양수의 덧셈과 같다는 것을 설명했다고 한다.

수학자가 증명이나 식이 아니라 이런 비유를 들어 음수의 계산을 설명한 이유가 무엇일까? '음수의 계산이 도무지 이해가 되지 않는다!'는 수많은 사람의 항의와 불만 때문이 아니었을까?

똑똑한 수학자들조차 19세기가 돼서야 음수를 완전하게 이해할 수 있었던 것을 생각하면, 음수를 처음 접하는 학생들이 음수를 불편하게 생각하는 것은 당연한 일이다. 욕심을 부리기보다는 조금씩 음수와 친해지는 것이 중요하다. 조금만 지나면 음수가 익숙해져 계산하는 데도 불편함이 없어질 날이 곧 올 것이다.

고대 중국의 수학책인《구장산술(九章算術)》에는 양수와 음수를 썼던 기록이 남아있다. 동양에서 제일 오래된 수학책으로 알려진《구장산술》(관리들이 실무를 처리하는 데 필요한 여러 문제와 수학지식을 집대성하여 정리한 책. 방정식, 도형 등 총 246문제와 그 계산법이 수록됨.)에는 '산목(算木, 계산하는 나뭇가지)'을 이용한 수 계산이 나오는데, 양수는 붉은색 나뭇가지, 음수는 검은색 나뭇가지를 이용해서 계산했다.

이후 6세기 인도의 유명한 승려이자 수학자인 브라마굽타(Brahmagupta, 598~668)도 음수를 수로 인정하고 그 계산법칙을 연구했다.

그는 저서인《브라마스 푸땃싯단따》에서 재산을 양수, 빚은 음수의 개념으로 사용했으며 양수와 0, 음수의 계산 원리를 다음과 같이 차례로 설명했다.

브라마굽타의 양수의 0, 음수의 계산 법칙

양수와 0의 덧셈은 양수	0과 0의 덧셈은 0	0과 음수의 덧셈은 음수
$(+2)+0=+2$	$0+0=0$	$0+(-2)=-2$
0에서 양수를 빼면 음수	0에서 0을 빼면 0	0에서 음수를 빼면 양수
$0-(+2)=-2$	$0-0=0$	$0-(-2)=+2$
양수와 0의 곱은 0	0과 0의 곱은 0	0과 음수의 곱은 0
$(+2) \times 0=0$	$0 \times 0=0$	$0 \times (-2)=0$

공동 경작한 농작물이나, 공동 사냥한 것을 나눠야 할 때, 자연수만 가지고 분배를 하다 보면 여기저기서 불만이 생기거나 분배 자체가 불가능한 경우도 많았다. 사람들은 자연수가 아닌 새로운 수가 필요하다는 것을 느꼈다. 두 명이 같이 수확한 밀 한 포대를 공평하게 분배하기 위해서는 '$\frac{1}{2}$'이란 수가 필요했고, 세 명이 함께 사냥해서 잡은 멧돼지의 소유권을 똑같이 나눠 갖기 위해서는 '$\frac{1}{3}$'이란 수가 있어야만 했다. 우리는 이러한 수를 분수라고 부른다.

분수가 만들어진 지 얼마 안됐을 거라고 생각하는 학생들이 많은데, 분수는 고대 이집트의 파피루스에서 그 기록을 찾아볼 수 있을 정도로 인류와 오랜 세월을 함께 해 왔다. 자연수와 마찬가지로 '필요'에 의해 자연스럽게 생긴 것이다. '학생들을 괴롭히려고 수학자들이 억지로 만든 수가 아니냐?'고 묻는 학생들도 있었는데 절대로 그렇지 않다. 인류의 역사가 만들어낸 멋진 발명품들 중 하나라고 꼭 말해주고 싶다.

분수에 대한 기록을 찾아 고대로 거슬러 올라가 보면, 고대 이집트의 상형문자를 만나게 된다. 이집트의 파피루스에는 이집트인들이 사용했던 분수와 자연수가 고스란히 기록되어있다. 이집트인들의 분수는 현재 우리가 사용하는 분수와 비교하면 종류도 별로 없고, 모양도 특이하다.

그들은 분자가 1인 단위분수와 $\frac{2}{3}$만을 사용했기 때문에, $\frac{5}{6}$와 같은 분수를 $\frac{1}{2}+\frac{1}{3}$과 같이 단위분수의 합으로 표현했다고 알려져 있다. 모든 분수를 저렇게 표현하고 활용한 것을 생각하면 고대 이집트인들의 탁월한 수감각과 지혜에 절로 감탄하게 된다.

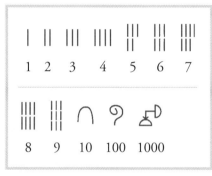

이집트 수

$$\frac{1}{3} \quad \frac{1}{4} \quad \frac{1}{5} \quad \frac{1}{6} \quad \frac{1}{7}$$

$$\frac{1}{8} \quad \frac{1}{9} \quad \frac{1}{10} \quad \frac{1}{2} \quad \frac{2}{3}$$

이집트 분수

분수 대신 소수

자연수로 나타낼 수 없는 특별한 상황을 표현하기 위해서는 새로운 수가 필요했다. '분수'는 특별한 상황을 표현하는 데 큰 장점을 가진 수였다. 하지만 분수의 계산은 고대부터 현대에 이르기까지 많은 사람들에게 매우 큰 고통을 안겨주는 힘든 일이었다.

사회가 점점 복잡해지자 단위분수 외에 다른 분수들도 생겨났다. 분수계산이 더 복잡하고 어려워지는 것은 당연한 일이었다. 장사를 하는 상인들, 세금이나 이자를 계산하는 직업을 가진 사람들은 분수 때문에 생긴 스트레스로 원형탈모가 생길 지경이었다.

분수계산을 쉽고 간편하게 하고 싶다는 간절함은 결국 새로운 수를 만들어 내기에 이른다. 16세기에 등장한 '소수'는 이런 절박한 마음이 만들어낸 발명품이었다.

1500년대 후반 프랑스의 수학자 비에트는 《수학의 표준》이라는 책에 처음으로 소수를 소개했다. 그 후 네덜란드의 수학자인 스테빈이 군대에서 복잡한 이자계산에 대해 고민하다 분모를 10, 100, 1000 등으로 바꾸면 계산하기가 쉽다는 걸 알아낸다.

그는 연구를 계속해 소수 표현방법에 관한 책을 발표한다. 스테빈의 소수는 당시 분수계산으로 고생하던 상인들에게 큰 도움이 되기는 했지만, 그가 만들어낸 소수의 표현 방법은 1.268을 1⓪2①6②8③과 같이 표현해야 했기 때문에 사람들에게 번거롭고 복잡하다는 느낌을 주었다.

하지만 소수는 한 천재적인 수학자에 의해 전환점을 맞게 된다. 그 주인공은 바로 영국의 유명한 천문학자이자 수학자였던 '존 네이피어'이다.

그는 계산기나 컴퓨터가 없던 시절, 계산을 쉽게 만들어줄 방법을 찾아내는 데 몰두했다. 1614년 네이피어는 로그를 정리한 로그표를 발표했는데, 거기에는 현재와 같은 소수 표기법이 사용되었다.

프랑수아 비에트
François Viète

미지수를 알파벳 문자로
나타낸 최초의 수학자.
2차 방정식 두 근의 합과
곱의 관계를 발견했다.

시몬 스테빈
Simon Stevin

《10분의 1에 관하여
De Thiende》(1585)라는 책
에서 소수(小數)의 계산을
소개했다.

소수점의 역사

저자	시기	기호
시몬 스테빈 이전	1585년 이전까지	$38\frac{572}{1000}$
시몬 스테빈	1585	38◎5①7②2③
프랑수아 비에트	1600	$38|_{572}$
존 네이피어	1617	$38:\overset{\text{I}}{5}\;\overset{\text{II}}{7}\;\overset{\text{III}}{2}$
헨리 브리그스	1624	38^{572}
현대		38.572

　그 뒤 네이피어는 브리그스와 함께 로그의 불편함을 보완해 상용로그를 만들어냈다. 소수라는 가벼운 옷을 입은 로그는 사람들을 감탄시키기에 충분했고, 이때부터 소수는 로그와 함께 빠르게 퍼져나갔다. 로그라는 발명품 자체가 계산으로 신음하던 당시의 사람들을 깜짝 놀라게 할 만 한 놀라운 것이기도 했지만, 소수라는 간편한 표현방법을 만나지 못했더라면 사람들이 그 가치를 알아보는 데는 더 오랜 시간이 필요했을 것이다.

네이피어와 로그

The ScienceTimes / August 13,2016

"네이피어의 로그는 사람들이 여러 달에 걸쳐 할 계산을 며칠로 줄여 주었다. 그 결과 천문학자들의 수명이 두 배로 늘게 되었다. 로그는 경이로운 발명이다"

피에르시몽 라플라스(Pierre-Simon Laplace, 1749~1827)
프랑스의 수학자

존 네이피어
(John Napier, 1550~1617)

네이피어는 귀족 가문에서 태어나 어려움 없는 환경에서 자랐다. 귀족이라는 신분과 많은 재산을 누리며 살수도 있었지만 그는 힘들게 사는 농민들에게 항상 관심을 기울였다고 한다. 네이피어가 비료를 만들고 양수기를 발명한 이유 역시 농민들을 돕기 위해서였다.

네이피어가 살던 16세기는 '대항해시대'였다. '천문력'을 이용해 배의 위치를 알아내고 항해를 해야 했기 때문에 선원들의 목숨은 천문학자들과 선원들의 '계산능력'에 달려있었다. 그런데 계산기가 없던 그 시절, 천문학자들이 계산해 내야 했던 수들은 상상을 초월할 정도로 크고 복잡했다. 어쩌다 계산이 틀리게 되면 배의 항로는 엉뚱하게 변했고, 그렇게 목적지를 잃은 배들은 다시는 돌아오지 못했다. 작은 계산실수 하나 때문에 바다에서 허무하게 목숨을 잃는 사람들이 수없이 많았다. 네이피어가 계산에 관심을 가지게 된 것은 아마, 사람들이 더 이상 희생되지 않길 바라는 마음에서였을 것이다.

네이피어는 위치를 맞추어 나란히 붙여놓는 것만으로도 원하는 곱셈과 나눗셈 결과를 얻을 수 있는 획기적인 계산막대를 개발해 이미 큰 인기를 얻었다.

계산기가 없던 시절 '네이피어 막대'는 사람들의 계산시간을 엄청나게 단축시켜 주었다. 하지만 그의 진정한 업적은 '네이피어 막대'가 아니었다. 그것은 바로 어마어마하게 큰 수의 곱셈을 덧셈으로, 나눗셈을 뺄셈으로 바꾸어 계산할 수 있도록 만든 '로그'라는 것이었다.

별의 움직임이나 별과 별 사이의 거리와 같은 상상을 초월하는 어려운 계산을 해야 하는 천문학자들에게 네이피어가 발명한 로그는 사막의 오아시스와도 같았다.

계산기의 모태가 된 네이피어 막대

네이피어 막대를 이용한 곱셈

* 357과 6의 곱을 구하려면, 첫 번째 수가 3, 5, 7로 시작되는 세 개의 막대를 나란히 놓은 상태에서 각 막대의 여섯번째 줄을 그림과 같은 방법으로 읽으면 된다.

네이피어는 로그표를 처음 고안해 완성하기까지 20년간을 홀로 계산과 싸워야만 했다.

그가 연구를 한참 진행하던 당시에는 로그의 진정한 의미를 이해하고 그 가치를 인정해주는 이도 많지 않았다. 하지만 지금은 로그가 없는 과학의 발전은 상상조차 할 수 없다. 로그로 표현해야만 그 상관관계를 정확히 밝힐 수 있는 것들이 과학의 여러 분야에 존재한다는 사실이 밝혀지면서 (감각과 자극의 세기, pH의 세기, 데시벨, 리히터 등) 자연의 법칙과 과학의 원리를 이해하는데 로그가 필수요소라는 것이 증명되었기 때문이다.

한 수학자의 20년이라는 기나긴 인내의 시간에 진심으로 감사의 마음을 전하고 싶다.

(참고:《재미있어 밤 새 읽는 수학자들이야기》시큐라이 스스무, 더숲

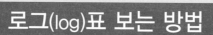

로그(log)표 보는 방법

수학상식 채워줄게! **6**

0	1	2	3	4	5	6	7	8	9	10	11
1	2	4	8	16	32	64	128	256	512	1024	2048

* 로그의 원리는 곱셈을 덧셈으로, 나눗셈을 뺄셈으로 바꾸어 계산과정을 간단하게 만들어준다.

●곱셈을 덧셈으로 바꾸기

어떤 사람이 16×128를 계산하고 싶을 때는 로그표에서 16과 128의 윗줄을 찾아본다. 16 윗줄에는 4가, 128 윗줄에는 7이 있다. 이제 윗줄에서 찾은 두 수를 더해 4+7=11을 계산했다면 곱셈이 다 끝난 것이다. 11의 아랫줄에 있는 2048이 바로 16×128의 결과이다. 원래 계산하려 했던 '두 자리수'×'세 자리수' 대신 간단한 덧셈만 하면 끝이다.

이 계산에는 $2^4 \times 2^7 = 2^{4+7} = 2^{11}$이라는 '지수'의 원리가 숨어있는데, '지수'란 것이 아직 나오기 전이었음에도 네이피어가 그 원리를 꿰뚫고 있었다는 데서 그의 천재적인 수학적 감각을 볼 수 있다.

●나눗셈을 뺄셈으로 바꾸기

1024÷256과 같은 나눗셈도 로그표를 이용하면 쉽게 구할 수가 있다.

이번에도 역시 1024와 256의 윗줄에 있는 수를 찾아본다. 1024 윗줄에는 10이, 256 윗줄에는 8이 있다. 이제 두 수의 차를 구한다. 10-8=2. 이번에도 역시 2 아랫줄에 나온 4를 답으로 쓰면 된다.

로그표는 큰 수의 나눗셈도 간단한 뺄셈으로 바꿔주는 요술 지팡이 같다. 이 계산에도 역시 $2^{10} \div 2^8 = 2^{10-8} = 2^2$이라는 지수의 원리가 숨어 있다.

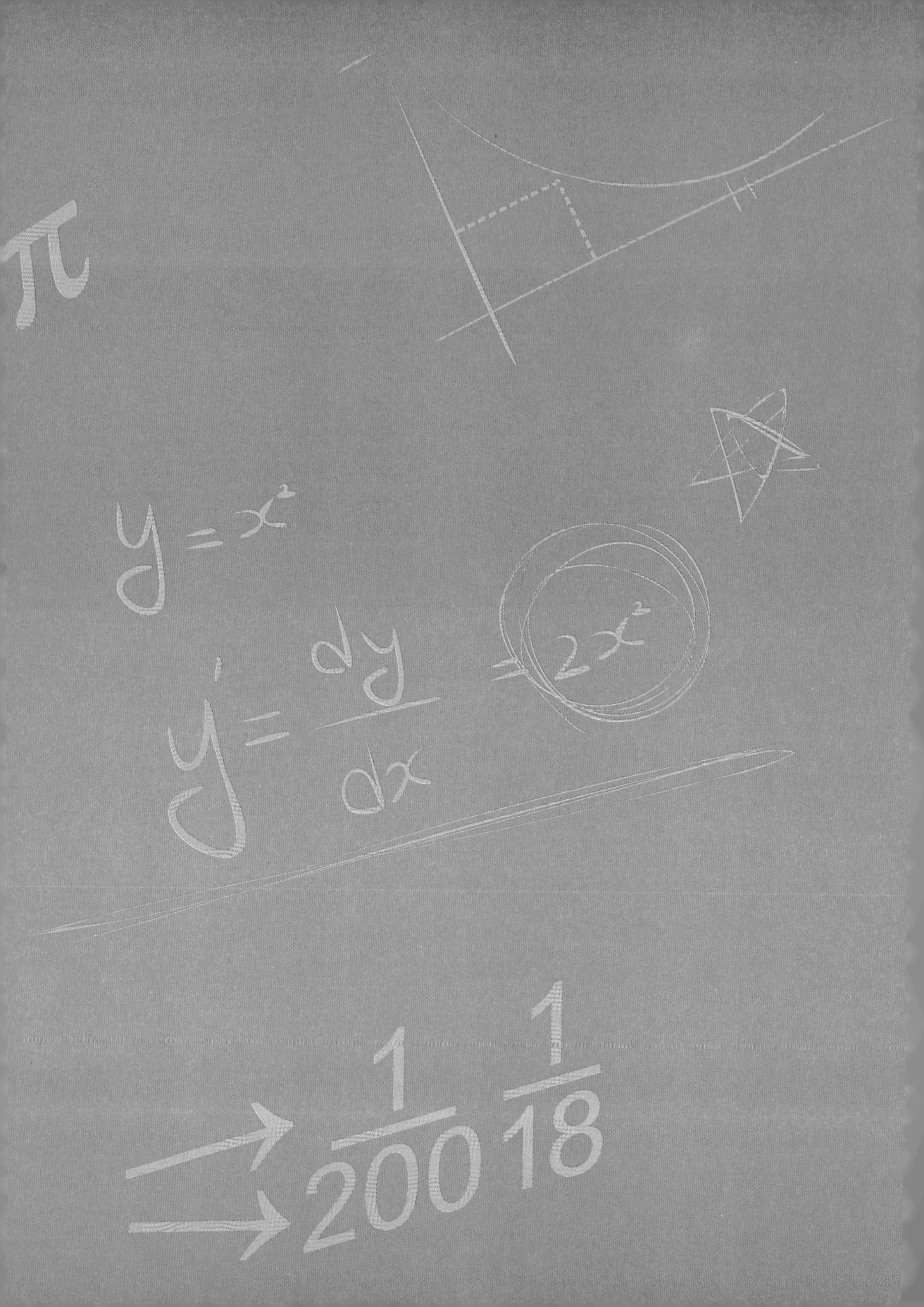

π

$y = x^2$

$y' = \dfrac{dy}{dx}$

$2x^2$

$\dfrac{1}{200}\ \dfrac{1}{18}$

방정식
걱정 마!

3

Theme	갈래
방정식 이야기	문자와 식
	방정식

고마운 문자와 기호

중·고등학교를 졸업한 어른들에게 학창시절 배운 수학 중 가장 먼저 떠오르는 것이 무엇이냐고 물으면 70-80퍼센트가 '방정식'을 꼽는다. 그 만큼 학교수학의 대표선수로 꼽히는 것이 바로 방정식(方程式, equation)이 다. 수학의 많은 갈래 중 이 '방정식'을 주로 연구하는 분야를 '대수학(代數 學, algebra)'이라고 부른다. 물론 현대의 대수학은 군(group), 환(ring), 체 (field) 등 대수적 구조를 연구하는, 말만 들어도 머리가 지끈지끈 아픈, 훨 씬 더 고차원적인 학문으로 발돋움 했지만, 대수학이라는 이름이 붙여진 초기의 대수학은 수 대신 문자를 이용해 수학을 연구하는 분야로 문자를 이용한 방정식의 풀이에 관심이 집중되어 있었다.

산수(算數)	대수(代數)
$(-10) \times 3 \times \left\{ \dfrac{1}{2} + \left(-\dfrac{1}{5} \right) \right\}$	$3(x-y) - x + 3y = 2$

방정식(方程式, equation)이란 등식(등호 '='가 있는 식)의 한 종류로, 문자 에 어떤 특정한 수를 대입할 때에만 등호가 성립하는(참이 되는) 식을 말 한다. $x+2=3$과 같은 식이 바로 방정식인데 $x=1$일 때는 등호가 성립하 지만(참이지만), $x=2$나 $x=3$처럼 다른 값을 가지면 등호가 성립하지 않는, 이러한 식을 방정식이라고 부른다.

방정식이라는 이름은 《구장산술》이라는 책에서 유래되었다. 중국의 가장 오래된 수학책인 《구장산술》은 토지측량, 부역징발, 토목공사 등을 할 때 사용되는 비의 계산 방법, 방정식 풀이법, 측량법 등이 담겨있는 중국 관리들의 필독서였다.

나라에서 일하는 관리들이 해결해야 하는 문제들과 그 해결방법을 담은 이 책은 모두 9개의 장으로 이루어져 있다.

제8장인 방정(方程) 장에 현재의 연립방정식이 등장한다. 《구장산술》에서는 연립방정식의 계수들을 사각형 모양의 틀 안에 나란히 늘어놓고 서로 비교하고 맞춰가며 방정식의 해를 구하는 과정이 나온다. 이런 이유로 네모를 뜻하는 한자인 '방(方)'과 계수를 서로 정리하고 따져본다는 뜻을 가진 한자인 '정(程)'을 사용해서 방정식의 이름을 붙이게 되었다고 전해진다.

우리가 지금부터 보고 직접 다루게 될 문자와 다양한 기호들은 앞으로 우리가 공부할 수학을 훨씬 간단하고 편리하게 만들어 줄 것이다. 그러나 문자를 처음 접하는 많은 학생들은 새로운 것을 배운다는 부담감 때문에 문자란 것이 수학공부를 더 어렵게 만든다고 오해하곤 한다. 이런 오해를 없애기 위해 문자와 기호가 도입되기 이전의 수학문제를 한번 만나보기로 하자. 아마 보자마자 '문자'에 절로 고개가 숙여질지도 모른다.

상급 품질의 조 3다발, 중급 품질의 조 2다발, 하급 품질의 조 1다발을 털면 좁쌀 39말을 얻을 수 있다. 상급 품질의 조 2다발, 중급 품질의 조 3다발, 하급 품질의 1조 다발을 털면 좁쌀 34말을 얻을 수 있으며, 상급 품질의 조 1다발, 중급 품질의 조 2다발, 하급 품질의 조 3다발을 털면 좁쌀 26말을 얻을 수 있다. 이때, 상급, 중급, 하급 품질의 조 다발을 털어 얻을 수 있는 좁쌀은 각각 몇 말인가?

《구장산술》에 나와 있는 앞의 방정식 문제를 이제 문자를 이용해서 한 번 변신시켜 보도록 하겠다. 상품, 중품, 하품의 조 다발에서 얻을 수 있는 좁쌀을 각각 x말, y말, z말이라고 하면 다음과 같은 연립방정식을 만들 수 있다.

$$3x + 2y + z = 39$$
$$2y + 3y + z = 34$$
$$x + 2y + 3z = 26$$

일상의 언어로 기록된 구장산술의 방정식 문제는 길이가 너무 길어 문제를 이해하는 것조차 쉽지 않다. 반면에 문자와 기호를 사용해 표현된 방정식은 구해야 할 것이 무엇인지, 내가 구해야하는 것들의 관계는 어떤지 한눈에 명확하게 파악할 수 있다. 무엇보다 문제의 길이가 획기적으로 짧아지기 때문에 문자를 잘 다루기만 한다면 답도 쉽게 구할 수 있다. 문자의 사용이 주는 장점이 바로 여기에 있다.

"문자가 있건 없건, 방정식 자체가 아예 없어지면 좋지 않을까?" 하는 생각이 획~ 하고 머릿속을 스쳐 지나가는 학생들도 분명 있을 것이다. 그런 생각을 잠시만 접어두고 조금만 넓은 마음으로 방정식에 대해 생각해 보자.

방정식에 대한 기록은 고대 이집트, 바빌로니아, 중국 등에서도 발견될 정도로 그 역사가 깊다. 방정식이 생겨난 이유도 실제 우리 삶에서 발생하는 다양한 문제들을 해결하기 위해서였다. 다른 방법으로 그 문제들을 해결하는 것보다 방정식으로 나타내고 해결방법을 찾는 것이 가장 편하고 빠른 길이었기 때문에 방정식이 점점 많이 사용되고, 그것을 연구하는 학문까지 생겨난 것이다.

방정식으로 인해 해결된 많은 문제들, 방정식으로 인해 만들어진 많은 기기들이 우리의 생활 전반에 영향을 끼치고 있다. 이런 방정식은 없어질 수도 없고, 없어져서는 안 되는 우리 삶의 일부가 된 것이다.

물론 방정식의 이로움을 제대로 누리기 위해서는 지금부터 문자와 각 기호들의 의미, 그 사용법을 제대로 익혀야만 한다. 이 기본과정이 제대로 되지 않으면 방정식, 함수, 그 어떤 수학공부도 제대로 할 수 없는 '수학의 까막눈'이 되고 만다. 초등학교 수학책이 수(數)로 가득 차 있었다면, 앞으로 보게 될 중·고등학교 수학책들은 문자와 기호들로 가득 차 있을 것이기 때문이다.

문자와 식

1. 문자를 사용하여 식 만들기

① 주어진 상황을 파악하여 규칙을 찾고, 문자를 사용하여 그 규칙에 맞도록 식을 세운다.

② 수량의 단위를 빠뜨리지 않도록 주의한다.

문자를 사용하여 식 만들기

물건 한 개의 가격이 500원인

연필 1자루의 가격을 나타내는 식은 500×1(원)

연필 2자루의 가격을 나타내는 식은 500×2(원) ⟹ $500 \times x$(원)

연필 □자루의 가격을 나타내는 식은 500×□(원)

문자를 사용하여 식을 만드는 것은 초등학교 때 □를 이용하여 식을 만들던 것과 같다.

물건 한 개의 가격이 500원인

연필 1자루의 가격을 나타내는 식은 500×1(원)

연필 2자루의 가격을 나타내는 식은 500×2(원)

연필 □자루의 가격을 나타내는 식은 500×□(원)이다.

이것을 이제 □가 아닌 문자로 바꾸어서 식으로 표현하는 것이다.

한 개의 가격이 500원인 연필 자루의 가격을 나타내는 식은 500×x(원)이라고 말이다.

가로의 길이가 a, 세로의 길이가 b인 직사각형의 넓이를 나타내는 식은 무엇이 될까?

직사각형의 넓이는 (가로×세로)이므로 $a×b$라고 나타내면 된다. 초등학교 때 사용하던 '숫자'나 '□' 대신 x, y, a, b와 같은 알파벳 문자를 이용해서 식을 나타내면 되는 것이다.

2. 곱셈기호 생략하기

수와 문자, 문자와 문자 사이의 곱셈 기호 '×'는 생략한다.

곱셈기호 생략하기와 규칙

(1) (수)×(문자) : 수를 문자 앞에 쓴다.
$$2 \times x = 2x$$

(2) 1×(문자) 또는 (−1)×(문자) : 1을 생략한다.
$$1 \times a = a \qquad (-1) \times a = -a$$

(3) (문자)×(문자) : 보통 알파벳 순서로 쓴다.
$$a \times b = ab$$

(4) 같은 문자의 곱 : 거듭제곱의 꼴로 나타낸다.
$$a \times b \times c \times a \times a \times b = a^3 b^2 c$$

(5) (괄호가 있는 식)×(수) : 수를 괄호 앞에 쓴다.
$$(a+b) \times 2 = 2(a+b)$$

이제 문자를 이용해서 식을 만드는 방법을 알았다면 그 식을 좀 더 간단하게 바꾸는 방법을 소개할 차례이다.

2×3같은 계산이 나오면 우리는 당연히 6이라고 답을 쓸 것이다. 그런데 $2 \times x$처럼 '수와 문자'가 곱해진 경우나 $a \times b$처럼 '문자들'이 곱해진 경우는 뭐라고 답을 써야 할까?

당황한 친구들은 안심해도 좋다. 원래 답이 없다. 하지만 저것들을 좀 더 간단하게 만들 수 있는 규칙은 정해져 있다. 바로 곱셈기호를 생략하고, 붙여서 쓰는 것이다. $2 \times x = 2x$로, $a \times b = ab$로 말이다. 어려운 것이 아니다. 그냥 곱셈기호를 빼버리고, 찰싹 붙여서 써주면 된다. 대신 우리는 알고 있어야 한다. 붙어있는 것들은 단순히 사이가 좋아서가 아니라 곱해져 있는 것이라는 사실을 말이다.

그렇다면 $3y$는 원래 어떤 모양이었을까? $3y$는 원래 $3 \times y$였던 것인데 곱셈기호를 생략한 것이다. 그럼 $y \times 3$은 어떻게 간단하게 만들까? '$y3$'? 아니다. 수와 문자를 곱할 때는 뭐가 먼저 나왔든 '수'를 꼭!! 문자 '앞'에 붙여쓰기로 약속했다. $3 \times y$도, $y \times 3$도 $3y$로 나타내면 된다.

앞으로 수와 문자, 혹은 문자끼리 붙어있는 것을 보게 되면 곱셈기호가 생략되어있다는 것을 꼭 기억해야 한다.

또, 여러 개의 문자를 곱하는 경우는 아래와 같이 알파벳 순서에 맞게 정리하고, 거듭제곱을 이용해서 나타내는 것이 기본이다.

$$a \times b \times c \times a \times a \times b = a^3 b^2 c$$

$1 \times a = a$ 문자에 1이 곱해지면 문자만 써준다.

$1 \times 3 = 3$인 것과 같은 원리이다.

$(-1) \times a = -a$ -1이 문자에 곱해지면 문자 앞에 '$-$'를 붙인다.

$(-1) \times 3 = -3$인 것과 같은 원리이다.

※ 앞으로 문자 앞에 '$-$' 부호가 붙어 있으면 그 문자가 음수라고 생각하지 말고,
　문자에 '-1'이 곱해져 있다고 생각해야 한다.

$0.1 \times a = 0.1a$ 0.1을 문자에 곱할 때는 곱셈기호만 생략하고 0.1을 그대로 다 적어 주어야 한다. $0.a$라고 쓰면 안 된다. $1 \times a$에서는 1을 생략해서 a로 쓰는데 왜 안 되냐고 묻는 학생들이 있는데, 이것은 약속이다.

$(a+b) \times 2 = 2(a+b)$ 수와 괄호가 곱해질 때는 수를 괄호 앞에 붙여 쓴다. $(a+b)2$라고 쓰면 안 된다. '수'는 항상 문자나 괄호보다 우선권이 있다.

3. 나눗셈기호 생략하기

① 나누는 수를 역수로 바꾸면서 곱셈으로 고친 후

   곱셈 기호 ×를 생략한다.

② 역수는 서로 곱해서 1이 되는 두 수를 말한다. (분자 분모가 바뀐 수)

나눗셈기호 생략하기

초등학교 분수의 나눗셈 : $4 \div \dfrac{3}{5} = 4 \times \dfrac{5}{3} = \dfrac{20}{3}$

분수에서 나눗셈 기호 생략하기 : $a \div \dfrac{3}{5} = a \times \dfrac{5}{3} = \dfrac{5a}{3} = \dfrac{5}{3}a$

초등학교 때 $3 \div 5 = \dfrac{3}{5}$ 로 바꾸는 연습을 많이 했던 기억이 있을 것이다. 문자가 있는 식도 같은 방법으로, 나눗셈 기호를 생략해서 분수꼴로 나타낼 수 있다. $a \div b = \dfrac{a}{b}$ 처럼 말이다. 또 나눗셈을 역수의 곱셈으로 계산하는 방법도 있는데 이것 역시 초등학교 때 배웠던 것과 동일하다.

초등학교 분수의 나눗셈 : $4 \div \dfrac{3}{5} = 4 \times \dfrac{5}{3} = \dfrac{20}{3}$

분수에서 나눗셈 기호 생략하기 : $a \div \dfrac{3}{5} = a \times \dfrac{5}{3} = \dfrac{5a}{3} = \dfrac{5}{3} a$

여기서 $\dfrac{5a}{3}$ 와 $\dfrac{5}{3} a$ 둘 다 가능하다. 그리고 반가운 소식이 있는데, 중등 과정에서는 대분수를 사용하지 않으니 가분수 그대로 두어도 된다.

역수는 서로 곱해서 1이 되는 두 수를 말한다.

$3 \times \dfrac{1}{3} = 1$ 이므로 3과 $\dfrac{1}{3}$ 은 서로 역수가 된다.

$a \times \dfrac{1}{a} = 1$ 이므로 a 와 $\dfrac{1}{a}$ 역시 서로 역수가 된다.

$\dfrac{b}{a} \times \dfrac{a}{b} = 1$ 이므로 $\dfrac{b}{a}$ 와 $\dfrac{a}{b}$ 도 서로 역수이다.

역수는 서로 분자·분모가 뒤바뀐 수로 생각할 수도 있다.

---

4. 다항식의 용어들

① **항** : 수 또는 문자의 곱으로만 이루어진 식

② **상수항** : 수로만 이루어진 항

③ **계수** : 수와 문자의 곱으로 이루어진 항에서 문자 앞에 곱해진 수

④ **다항식** : 하나 이상의 항의 합으로 이루어진 식

⑤ **단항식** : 다항식 중에서 하나의 항으로만 이루어진 식

⑥ **항의 차수** : 항에서 곱해진 문자의 개수

⑦ **다항식의 차수** : 다항식의 항 중에서 차수가 가장 큰 항의 차수

⑧ **일차식** : 차수가 1인 다항식

⑨ **동류항** : 곱해진 문자와 차수가 같은 항

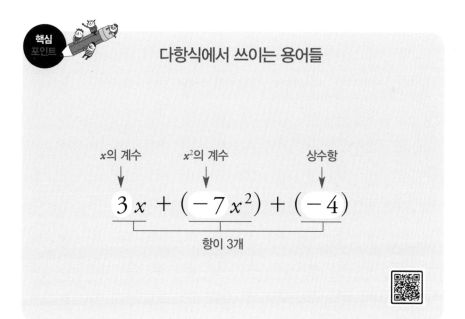

핵심 포인트

다항식에서 쓰이는 용어들

x의 계수 x^2의 계수   상수항

$$3x + (-7x^2) + (-4)$$

항이 3개

$$2x + 3y - 5$$

↑   ↑   ↑

항   항   항

● 항 : 수 또는 문자의 곱으로만 이루어진 식

항의 뜻이 조금 어렵다면 이렇게 기억하자. 하나의 식에서 '떨어져 있는' 각각의 독립된 덩어리'라고. 위의 식에서 '$2x$'와 '$3y$'와 '-5'가 각각 '항'이라고 생각하면 된다. 그러니까 $2x + 3y - 5$는 3개의 '항'이 모여서 만들어진 식이다.

● 상수항 : 항 중에서 '수(數)'로만 이루어진 항

위의 식에서는 -5가 '수(數)'로만 되어있는 상수항이다.

● 계수 : 문자 앞에 곱해져 있는 수(붙어있는 수)

x앞에 붙어있는 '2'는 'x의 계수'라고 하고,
y앞에 붙어있는 '3'은 'y의 계수'라고 한다.

● 다항식 : 항의 합으로 (항이 모여서) 만들어진 식

$2x + 3y - 5$는 3개의 항이 모여서 만들어진 다항식이다. 하지만 꼭 항이 여러 개여야 다항식인 것은 아니다. 항이 하나밖에 없어도 다항식이라고 한다. 학생들이 기억하기 쉽게 그냥 '전부 다 다항식'이라고 생각하는 것도 좋다.

$-2x$처럼 항이 하나밖에 없는 식을 단항식이라고 하는데, 단항식도 다항식의 한 종류이다.

$$x^2 + 3y - 5$$

2차　　1차　　0차

x^2은 x가 두 개 곱해진 2차항이다.

$2x$는 2라는 수와 x라는 문자 하나가 곱해졌으므로 '1차항'이라고 한다.

'-3'과 같은 상수항은 문자가 하나도 곱해지지 않아서 '0차항'이라고 하면 된다. 그런데, x^2+2x-3이라는 다항식은 그 안에서 가장 높은 차수가 '2차'이므로 '이차식'이라고 말한다. $2x-3$은 가장 높은 항의 차수가 1차이므로 '일차식'이라고 한다.

5. 일차식과 수의 계산방법

① **(수)×(일차식)** : 수끼리 곱한 후 문자를 곱한다.

　　　　　　　　괄호가 있을 때는 분배법칙을 이용한다.

② **(일차식)÷(수)** : 나눗셈을 곱셈으로 고쳐서 계산한다.

일차식과 수의 계산방법

$$(x+y)\times 3 = x\times 3 + y\times 3 = 3x+3y$$

$$(x+y)\div 3 = (x+y)\times \frac{1}{3} = x\times \frac{1}{3} + y\times \frac{1}{3} = \frac{x}{3}+\frac{y}{3}$$

역수

이제 우리는 $2a\times 3$, $(x+y)\times 3$과 같은 식의 계산을 해보려고 한다.

이런 계산을 일차식과 수의 곱셈이라고 하는데, 이런 계산에서는 다음이 두 가지만 기억하면 된다.

첫째, 숨어있는 곱셈기호를 되살려내자.

둘째, 괄호는 분배법칙을 이용해서 풀자.

먼저, 숨어있는 곱셈기호를 되살려내라는 것이 무슨 말인지 살펴보자.

$2a \times 3$을 계산하려고 하면 아마 조금 망설여지는 친구들도 있을 것이다. 숨어있는 곱셈기호 되살리기는 그런 친구들을 위한 것이다. 곱셈기호만 되살리면 계산은 아주 간단하게 끝난다.

$2a$를 $2 \times a$로 되돌려 놓고 다시 써보자.

$2a \times 3 = 2 \times a \times 3$ 세 수의 곱셈은 어느 것부터 계산해도 상관없으므로 이제부터는 식은 죽 먹기이다. $2 \times a \times 3 = 2 \times 3 \times a = 6a$로 계산하면 끝이다. 수끼리 먼저 곱하고 문자는 앞에서 배운 대로 그냥 붙여서 써주면 되는 것이다.

나눗셈도 마찬가지이다.

$2a \div 3$은 $2 \times a \times \frac{1}{3}$로 바꾼 뒤 $2 \times \frac{1}{3} \times a = \frac{2}{3}a$로 계산한다.

만약 괄호가 있는 곱셈의 경우에는 분배법칙을 이용한다.

$(x+y) \times 3$은 $(x+y)$라는 괄호 전체에 3을 곱하는 것이므로, 괄호 안에 있는 두 개의 항에 각각 3을 곱해서 괄호를 풀어주어야 하는데 그 과정은 다음과 같다.

$$(x+y) \times 3 = x \times 3 + y \times 3 = 3x + 3y$$

괄호와 수의 나눗셈도 원리는 같다.

$(x+y) \div 3$를 계산할 때 가장 먼저 할 일은 나눗셈을 역수의 곱셈으로 바꾸어 놓는 것이다.

$(x+y) \times \frac{1}{3}$가 되면 위의 곱셈처럼 괄호 안의 두 개의 항에 각각 곱해서 괄호를 풀어주면 된다.

$$(x + y) \div 3 = (x + y) \times \frac{1}{3} = x \times \frac{1}{3} + y \times \frac{1}{3} = \frac{x}{3} + \frac{y}{3}$$

6. 끼리끼리 계산하기

덧셈 : $2a + 3a = (2+3)a = 5a$

계수끼리의 합에 문자를 붙여준다.

뺄셈 : $5a - 2a = (5-2)a = 3a$

계수끼리의 차에 문자를 붙여준다.

끼리끼리 계산하기

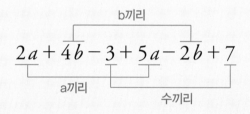

$2a+4b-3+5a-2b+7$도 긴 식처럼 보이지만, 동류항 정리만 하면 간단해진다.

$$2a+4b-3+5a-2b+7$$
$$=(2+5)a+(4-2)b+(-3+7)$$
$$=7a+2b+4$$

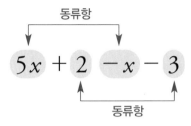

동류항이란 문자와 차수가 같은 항을 말한다. $5x$, $-x$는 둘 다 5와 -1에 x라는 문자가 곱해진 1차항이므로 동류항이다. 앞에 곱해져 있는 계수는 어떤 수여도 상관이 없다. 곱해져 있는 문자와 그 차수만 같으면 동류항이 된다. $+2$와 -3과 같은 상수항들도 종류가 같은 동류항이다.

그렇다면 $2x$와 $3x^2$은 어떨까? 이 둘은 동류항이 아니다. 문자는 둘 다 x지만, 차수가 1차, 2차로 다르기 때문이다.

그런데 종류가 같은 동류항은 왜 알아야 하는 것일까? 동류항끼리 정리해서 식의 길이를 줄이기 위해서이다.

어릴 적 돼지저금통에 동전이 꽉 차서 은행에 통장을 만들러 갈 때, 동전을 모두 꺼내서 100원짜리는 100원짜리 끼리, 50원짜리는 50원짜리 끼리, 10원짜리는 10원짜리 끼리 모아서 얼마인지를 계산했던 적이 있을 것이다. 그렇게 종류별로 모아 놓지 않고 마구 섞어서 계산을 하면 너무 복잡해서 셀 때마다 결과가 달라져 버린다.

동류항 정리의 목적도 이와 같다. 같은 종류의 항끼리 모아서 미리 정리를 해두면 식이 아주 간단해지고 실수할 확률도 줄어든다. 그렇게 해두면 수학 문제를 실수 없이 잘 풀 수가 있다.

앞서 말했듯이 동류항 정리라는 것은 돼지저금통의 동전들을 종류별로 모아서 미리 정리해두는 것이다. 그러니까 문자와 차수가 같은 항들을 모아서 덧셈이나 뺄셈을 하는 작업을 말한다. $2a+3a$, $5a-2a$ 혹은 $5a-2a$와 같은 계산 말이다.

그럼 동류항 정리를 위해 $2a+3a$를 한번 계산해보자.

$2a$는 $2 \times a$이고 $a+a$이기도 하다. 문자와 숫자의 곱을 이렇게 두 가지로 볼 줄 아는 눈은 매우 중요하다.

$3a$ 역시 $3 \times a = a+a+a$로 해석할 수 있다. 그럼 $2a+3a$를 다시 생각해보자.

$2a+3a = (a+a)+(a+a+a) = 5a$라는 것을 쉽게 알 수 있다.

($2a$는 a가 2개, $3a$는 a가 3개이므로 $2a+3a$를 하면 a가 5개가 되어 $5a$이다.)

뺄셈 역시 마찬가지로 생각할 수 있다.

$5a-2a$에서 $5a$는 $5 \times a = a+a+a+a+a$이고 $2 \times a = a+a$이므로

$5a-2a = (a+a+a+a+a) - (a+a) = a+a+a = 3a$가 된다.

덧셈 : $2a+3a = (2+3)a = 5a$

계수끼리의 합에 문자를 붙여준다.

뺄셈 : $5a-2a = (5-2)a = 3a$

계수끼리의 차에 문자를 붙여준다.

문자와 식

시험 걱정 마!

야구경기를 재미있게 관람하기 위해서는 야구경기의 규칙을 알아야만 한다. 홈런이나 안타, 파울이나 아웃이 무엇인지 모르면 경기가 이해되지도 않을 뿐더러 재미도 없다. 곱셈 나눗셈 기호를 생략하는 방법은 식을 다루는 아주 기본적인 규칙(rule)에 해당한다. 처음에는 익숙하지 않아 실수도 하겠지만 몇 번만 연습하면 제법 손쉽게 익힐 수 있는 기술이다. 기술을 익혀야 수학의 재미를 알 수 있는 날도 온다는 것을 꼭 기억하자.

식 사용하기 문제

출제 포인트

가로가 x cm, 세로가 y cm, 높이가 z cm인 직육면체의 겉넓이 S와 부피 V를 구하시오.

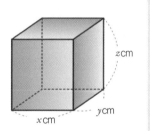

풀이

직육면체의 겉넓이 S는 6개의 면의 넓이의 합이므로
$S = 2xy + 2yz + 2xz = 2(xy + yz + xz)$ cm²이다.
직육면체의 부피 V는 밑넓이×높이 이므로 $V = xyz$ cm³이다.

직육면체의 '부피=밑넓이×높이' 이므로

$6cm^2 × 5cm = 30cm^3$가 된다.

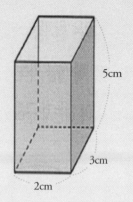

밑넓이를 구할 때 가로 2cm와 세로 3cm가
곱해지는데, 이때 수만 곱해지는 것이 아니라
cm도 두 번 곱해져서 cm^2가 되고, 부피를 구할
때 5cm가 또 한 번 곱해지면 cm가 총 세 번 곱
해지면서 cm^3가 되는 것이다.

이렇게 넓이와 길이는 서로 곱해져서 '부피'라는 의미 있는 결과를 낸다.

하지만 만약 $6cm^2 + 5cm$나 $6cm^2 - 5cm$를 계산하면 어떨까? 계산한 그
값은 어떤 의미가 있고, 거기에는 어떤 단위를 붙여야 될까?

종류가 다른 단위끼리는 더하고 빼도 의미 있는 결과가 나오지도 않고,
간단하게 단위를 통일해서 나타내는 것도 불가능하다. 동류항이 아니어
도 곱셈과 나눗셈은 가능하지만, 덧셈이나 뺄셈은 오직 동류항끼리만 하
는 이유가 여기에 있다.

앞으로 항이 여러 개 있는 식이 나오면 누가 시키지 않아도 빨리 동류
항 정리부터 해 두는 습관을 들여야 한다. 그런 습관이 몸에 붙으면, 겉으
로 보기에 복잡해 보이는 문제도 간단해지고, 생각보다 풀기 쉬운 문제로
바뀌는 경험을 종종 하게 될 것이다.

다항식은 항의 합으로 이루어졌다고 했는데 $2x+3y-5$는 왜 빼기$(-)$가 나오는지 질문하는 친구들이 많다. -5를 5를 빼는 것으로만 이해하는 것은 음수를 배우기 전의 시각이다. $2x+3y-5$를 $2x+3y$만 있던 식에 '-5'라는 정수가 추가된 식, 즉 -5가 더해져 있는 것으로도 볼 줄 알아야 한다. 따라서 $2x+3y-5=2x+3y+(-5)$이므로 '항의 합'으로 이루어진 '다항식'이 맞다.

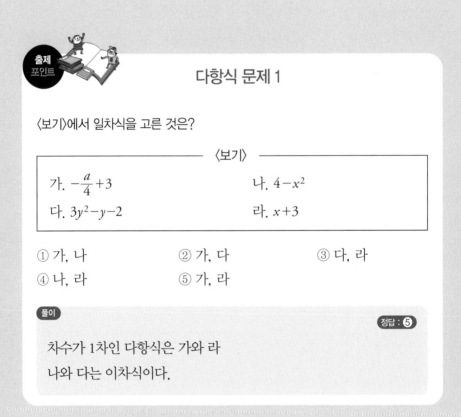

출제 포인트

다항식 문제 1

〈보기〉에서 일차식을 고른 것은?

─── 〈보기〉 ───

가. $-\dfrac{a}{4}+3$ 나. $4-x^2$

다. $3y^2-y-2$ 라. $x+3$

① 가, 나   ② 가, 다   ③ 다, 라
④ 나, 라   ⑤ 가, 라

풀이

정답 : ❺

차수가 1차인 다항식은 가와 라
나와 다는 이차식이다.

다항식 문제 2

다음 중 간단히 나타내었을 때, x의 계수가 가장 큰 것은?

① $4x-3$

② $2(2x-3)-2(x+4)$

③ $-2(x-4)+3(x-4)$

④ $-5(x-9)-2(-x+4)$

⑤ $\dfrac{2}{3}(3x-6)+\dfrac{1}{4}(4x-12)$

풀이

정답 : ①

① x의 계수는 4

② $2(2x-3)-2(x+4)=4x-6-2x-8$

$\quad =4x-2x-6-8=2x-14$

③ $-2(x-4)+3(x-4)=-2x+8+3x-12$

$\quad =-2x+3x+8-12=x-4$

④ $-5(x-9)-2(-x+4)=-5x+9+2x-8$

$\quad =-5x+2x+9-8=-3x+1$

⑤ $\dfrac{2}{3}(3x-6)+\dfrac{1}{4}(4x-12)=2x+4+x-3$

$\quad =2x+x+4-3=3x+1$

방정식을 푸는 만능열쇠

방정식은 고대 중국뿐 아니라 이집트, 바빌로니아, 그리스 등 사람이 사는 곳이라면 어디에서건 생활하면서 겪게 되는 다양한 문제들을 해결하는 과정에서 자연스럽게 연구되었다. 하지만 모두 일상의 언어로 기록되었기 때문에 문제를 이해하는 것이나 문제를 푸는 데 큰 어려움이 따랐다.

다음은 고대 이집트의 '린드 파피루스'에 나온 1차 방정식 문제이다.

아하에 아하의 $\frac{1}{7}$을 더하면 19가 된다. 아하는 어떤 수일까?

린드 파피루스에 등장하는 '아하' 문제는 현존하는 가장 오래된 일차방정식 문제로 알려져 있는데, 이를 고대 이집트인들의 방법과 현대의 방법을 사용해서 풀이해보았다. 한번 비교해보도록 하자.

이집트인들의 풀이법

아하를 7로 가정해본다.

'아하에 아하의 $\frac{1}{7}$을 더하면 19가 된다'고 했으므로

아하 자리에 7을 넣어 계산해본다.

$7+7\times\frac{1}{7}=8$이라서 맞지 않다.

이제 8을 19로 만들 수 있는 방법을 생각한다.

19가 되기 위해서 필요한 수는 8의 2배인 16, 8의 $\frac{1}{4}$배인 2,

8의 $\frac{1}{8}$배인 1의 합이므로 애초에 아하라고 생각했던 7에도 동일하게 2배,

$\frac{1}{4}$ 배, $\frac{1}{8}$ 배를 해서 더해준다.

$$7 \times 2 + 7 \times \frac{1}{4} + 7 \times \frac{1}{8} = 14 + \frac{7}{4} + \frac{7}{8} = \frac{122 + 14 + 7}{8} = \frac{133}{8}$$

이렇게 해서 찾은 아하의 정체는 $\frac{133}{8}$ 이 된다.

고대 이집트인들은 '아하'를 어떤 수로 가정해본 뒤, 그 결과가 문제에 나온 답인 19가 될 수 있도록 조작해가는 방법을 사용했다.

이런 방법을 이용해 문제를 풀기 위해서는 '특별한 수 감각'이 필요하다. 고대 이집트인들은 '분배' 때문에 일찍부터 분수를 사용해 왔는데, 그 덕에 분수를 이용해서 원하는 계산을 해 내는 능력이 발달했던 것 같다.

많은 학생들이 고대인들의 방정식을 보고 깜짝 놀라곤 하는데, 고대인들이 현대인들에 비해 IQ가 낮았을 거라고 생각해 온 학생들은 이런 기회를 통해 고대인들의 놀라운 수학실력과 지혜에 대해 알 수 있게 되었으면 좋겠다.

디오판토스 이후로 많은 수학자들이 방정식에 관심을 갖고 연구를 해 온 덕분에, 우리는 훨씬 더 쉬운 방법으로 '아하' 문제를 풀어낼 수가 있다. 이집트인들 같은 능력이 없어도 해결 가능한 아주 간단한 방법이다. 앞으로 우리가 배울 '등식의 성질'과 '이항'이라는 강력한 무기만 있으면 된다.

문제 : 아하에 아하의 $\dfrac{1}{7}$을 더하면 19가 된다.

아하를 x로 하는 식을 만들면 $x + \dfrac{1}{7}x = 19$이다.

$$x + \dfrac{1}{7}x = 19$$

양 변에 7씩 곱한다

$$7x + x = 133$$

동류항을 정리한다

$$8x = 133$$

양변을 8로 나눈다

$$x = \dfrac{133}{8}$$

그 옛날 '수 감각'을 발휘해 '아하'문제를 풀었던 이집트인들이 본다면 "이렇게 편리한 기술을 개발한 사람이 도대체 누구냐?"고 감탄할지도 모르겠다. 그렇다! 많은 수학자들의 노력 덕분에 우리는 방정식을 '너무나 쉽게' 풀 수 있는 '강력한 무기'를 2개씩이나 갖게 되었다. 그 무기는 '등식의 성질'과 '이항'이라는 것인데, 이것들을 이용하면 중1에 나오는 어떤 방정식이라도 척척 풀어낼 수가 있다. '등식의 성질'과 '이항'이 1차방정식을 푸는 '만능열쇠'이기 때문이다.

지금까지 많은 학생들이 "초등학교 수학보다 방정식이 더 쉬워요!"라는 말을 해 왔다. 만능열쇠를 사용하게 되면 여러분도 곧 이 말을 할 수 있게 될 것이다.

방정식

1. 등식과 방정식

등식과 방정식

(1) 등식

① 등식 : 수량 사이의 관계를 등호 =를 사용하여 나타낸 식

② 좌변, 우변, 양변 : 등식에서 등호의 왼쪽 부분을 좌변, 오른쪽 부분을 우변이라 하고, 좌변과 우변을 통틀어 양변이라고 한다.

$$\underbrace{\underline{2+3}}_{\text{좌변}} = \underbrace{\underline{5}}_{\text{우변}}$$
$$\underbrace{\qquad\qquad}_{\text{양변}}$$

(2) 방정식

① x에 관한 방정식 : x의 값에 따라 참이 되기도 하고 거짓이 되기도 하는 등식

② 방정식의 해 또는 근 : 방정식이 참이 되게 하는 미지수의 값

③ 방정식을 푼다 : 방정식의 해 또는 근을 구하는 것

$$x + 3 = 5$$

x 값이 '2'이면 참
x 값이 '1'이면 거짓

등식은 등호 '='가 들어있는 식을 말한다. 등호가 쓰인 식이면 그것이 참이든 거짓이든 등식이라고 부른다. 2+4=6과 같은 등식은 참인 등식이고, 2+4=7과 같은 등식은 거짓인 등식이라고 한다.

그런데 등식 중에서는 참인지 거짓인지 바로 판단할 수 없는 등식도 있다. $x+4=6$이라는 등식이 바로 그런 경우이다. 만약 x값이 2라면 이 등식은 2+4=6이 되므로 참이 된다. 하지만 x값이 2가 아닌 다른 수일 경우에는 거짓이 된다. 이렇게 x의 값이 무엇이냐에 따라 참과 거짓이 달라지는 등식을 우리는 '방정식'이라고 부른다.

방정식은 미지수 x의 차수에 따라 일차방정식, 이차방정식, 삼차방정식 등으로 불린다. $x+4=0$과 같은 방정식이 일차방정식이고, $x^2+4x+5=0$과 같이 x^2이 있는 방정식은 이차방정식, $2x^3-x^2+5x-1=0$과 같이 x^3이 등장하면 3차 방정식이 된다.

방정식은 함수를 다루는 도구로 이용되기도 하는 만큼, 방정식을 제대

로 풀지 못하면 앞으로 수학 공부에 재미를 붙이기 어렵다고 해도 과언이 아니다. 그러니 첫 단추를 잘 채운다는 마음으로 1학년 때 배우는 방정식을 찬찬히 잘 연습해 두어야 한다.

하지만 걱정할 필요는 없다. 실제로 5, 6학년 과정의 복잡한 소수 계산에 지쳐있던 초등학생들이 방정식을 배우게 되면, 의외로 너무 쉽다고 좋아하는 경우가 아주 많았다.

방정식은 그 원리가 너무나 단순하고 명확하기 때문에 수학을 별로 좋아하지 않는 친구들과 수학을 어려워하는 친구들도 잘 해낼 수가 있다. 그러니 자신감을 가지고 방정식을 배워보도록 하자.

2. 등식의 성질

등식의 성질

등식의 성질

1. 등식의 양변에 같은 수를 더하여도 등식은 성립한다.

$$a = b 이면 \ a + c = b + c 이다.$$

2. 등식의 양변에 같은 수를 빼도 등식은 성립한다.

$$a = b 이면 \ a - c = b - c 이다.$$

3. 등식의 양변에 같은 수를 곱하여도 등식은 성립한다.

$$a = b 이면 \ a \times c = b \times c 이다.$$

4. 등식의 양변에 0이 아닌 같은 수로 나누어도 등식은 성립한다.

$$a = b 이면 \ \frac{a}{c} = \frac{b}{c} (단, \ c \neq 0) 이다.$$

방정식의 기본은 '=' 등호에 있다.

등호는 양팔저울이 무게가 같은 물건을 올려놓고 평형을 이루고 있는
상태처럼, 양쪽이 같다는 것을 의미한다.

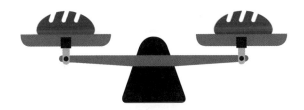

이러한 상태에서 양쪽에 무게가 같은 빵 하나를 더 얹어 놓아도 평형상
태는 변하지 않는다.

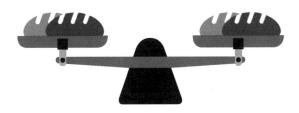

이제 양쪽에서 방금 올려놓은 빵을 다시 빼도 평형상태는 변하지 않는다.

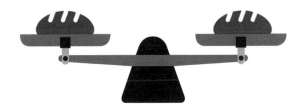

양쪽의 빵이 네 배가 되어도 평형은 그대로 유지된다.

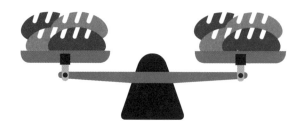

마지막으로 양쪽의 빵이 반씩 똑같이 줄어버려도 평형은 유지된다.

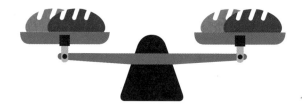

이 당연하고 쉬운 원리가 바로 방정식의 기본이 되는 '등식의 성질'이다.

양팔저울에 두 개의 팔이 있어 양팔저울이라고 불리는 것처럼, 등식에
도 양변이 있다. 등호의 왼쪽은 좌변, 등호의 오른쪽은 우변이라고 부른다.

$$3x + 2 = 17$$

양 변이 같은 상태에서 시작해서, 양 변에 같은 수를 더하거나, 빼거나, 곱하거나, 나누더라도 양변이 같다는 것이 바로 등식의 성질이다. 이 기본적인 원리가 방정식을 풀어내는 열쇠이자 도구이다. 이 성질만 알면 제아무리 복잡하게 보이는 방정식이라 할지라도 아주 간단하게 풀어 낼 수가 있다.

3. 등식의 성질을 이용하여 방정식 풀기

등식의 성질을 이용한 방정식 풀이 과정

$$2x + 1 = 9$$

양변에서 1을 빼도 등식은 성립한다

$$2x + \cancel{1} - \cancel{1} = 9 - 1$$

$$2x = 8$$

양변을 2로 나누어도 등식은 성립한다

$$2x \div 2 = 8 \div 2$$

$$\therefore x = 4$$

지금부터 등식의 성질을 이용해서 어떻게 방정식을 풀 수 있는지 살펴 보자.

우리가 풀 방정식은 $x + 4 = 6$라는 방정식이다.

방정식을 푼다는 것은 이 식을 참이 되게 만드는 x값을 찾는 것인데, 쉽게 표현하자면 x자리에 어떤 수를 넣어야 이 식이 참이 되는지 그 값을 찾으라는 것이다.

이 방정식을 참이 되게 만드는 값을 방정식의 '해' 또는 '근'이라고 부르는데, 간단하게 방정식 문제의 답이라고 생각해도 된다.

지금부터 등식의 성질을 이용해서 방정식 $x+4=6$의 해를 구하는 과정을 살펴보자.

$$x+4=6$$

양변에서 4를 빼준다

$$x+4-4=6-4$$

$$x+\not4-\not4=6-4$$

$$\therefore x=2$$

이렇게 좌변에 x만 남으면 자연스럽게 내가 찾고자 하는 방정식의 해를 찾게 되는 것이다. 실제로 방정식 $x+4=6$에 $x=2$를 대입하면 $2+4=6$으로 참이 되는 것을 알 수 있다.

$2x-3=5$와 같은 방정식은 어떻게 풀면 될까?

마찬가지로 좌변에 x만 남겨놓기 위해서 필요 없는 것들을 제거하기 시작해야 한다. 먼저 -3을 없애기 위해서 양변에 3씩 더해주는 것을 시작으로 다음과 같은 과정을 통해 방정식의 해를 구할 수 있다.

$$2x - 3 = 5$$

양변에 3을 더해준다

$$2x - 3 + 3 = 5 + 3$$

$$2x - \cancel{3} + \cancel{3} = 5 + 3$$

$$2x = 8$$

양변에서 2로 나눈다

$$\frac{\overset{1}{\cancel{2}}x}{\underset{1}{\cancel{2}}} = \frac{\overset{4}{\cancel{8}}}{\underset{1}{\cancel{2}}}$$

$$\therefore x = 4$$

$2x - 3 = 5$에 $x = 4$를 대입해보면 $2 \times 4 - 3 = 5$이므로 참이 된다.

기본적으로 방정식의 풀이는 이렇게 등식의 성질을 이용한다고 보면 된다.

4. 이항

이항 : 등식의 어느 한 변에 있는 항을 부호만 바꾸어
다른 변으로 옮기는 것

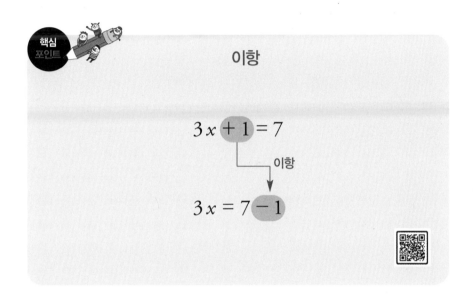

이항이란 항이 등호 건너편으로 이사하는 것을 말한다. 좌변에 있던 항이 우변으로 건너가는 것, 우변에 있던 항이 좌변으로 건너가는 것, 둘 다 '항'이 '이사'하는 '이항'이다. 그럼 항은 어떻게 이사를 하면 될까? 이항은 등식의 성질을 이용해서 방정식을 풀 때 두 단계였던 것을 한번에 압축해서 계산하는 방법이다.

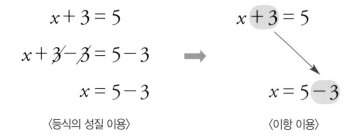

$$x + 3 = 5$$
$$x + \cancel{3} - \cancel{3} = 5 - 3$$
$$x = 5 - 3$$
〈등식의 성질 이용〉

$$x + 3 = 5$$
$$x = 5 - 3$$
〈이항 이용〉

왼쪽은 방정식 $x + 3 = 5$를 등식의 성질을 이용해서 푸는 과정의 일부이다. 방정식을 풀기 위하여 둘째 줄에서 양변에 똑같이 -3을 하면, 좌변에는 x만 남게 되고, 대신 우변에는 -3이 생기게 된다.

그런데 가운뎃줄을 생략하고 보면, 꼭 좌변에 있던 $+3$이 우변으로 넘어가면서 -3이 된 것처럼 보이는 것이다. 이렇게 좌변에 있던 항이 우변으로 '이사'를 가는 것처럼 보이는 것이 바로 '이항'이다.

이항은 등식의 성질대로 방정식을 푸는 단계에서 한 줄을 뛰어넘는 과정이라고 생각하면 된다. 그리고 항이 이사를 가는 '이항'을 할 때에는 부호를 바꿔 주어야 한다.

그럼 혹시 x가 들어있는 항도 이사를 갈 수 있을까? 물론 가능하다.

$2 - 3x = 5x$에서 밑줄 친 $-3x$를 한번 이항해 보자. $-3x$가 등호 건너편으로 이사 가면서 $+3x$가 된다는 것만 기억하면 된다.

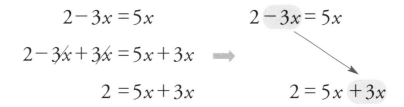

이렇게 이항은 방정식을 풀 때, 한 줄을 건너 뛸 수 있게 해 주는 편리한 도구가 된다. 하지만 이항이 등식의 성질에서 나왔다는 것을 잊어서는 절대로 안 된다.

방정식

이항은 항이 부호를 바꾸어 등호 건너편으로 이사하는 것을 말한다. 그런데 간혹 $2x=4$와 같은 방정식에서 x의 계수인 2를 이항한다고 $x=4-2$로 바꾸는 학생들을 보게 된다. 2는 독립된 항이 아니라 x의 계수이므로 이항할 수 있는 자격이 없다. $2x=4$와 같은 상황에서는 양변을 2로 나누어 $\frac{2x}{2}=\frac{4}{2}$, $x=2$로 계산해야 한다.

출제 포인트

방정식 문제 1

일차방정식 $3(x+1)=4x-2$의 해는?

① 2   ② 3   ③ 4   ④ 5   ⑤ 6

풀이

정답 : ④

$$3(x+1)=4x-2$$
$$3x+3=4x-2$$
$$3x-4x=-2-3$$
$$-x=-5$$
$$x=5$$

정답 $x=5$

방정식 문제 2

x에 대한 두 일차방정식 $2x-1=5$, $ax-5=13$의 해가 같을 때,
상수 a의 값을 구하시오.

풀이

$2x-1=5$를 풀면	두 방정식의 해가 같으므로
$2x=5+1$	$x=3$을 $ax-5=13$에 대입하면
$2x=6$	$a×3-5=13$이고 이를 풀면
$∴x=3$	$3a-5=13$
	$3a=13+5$
	$3a=18$
	$a=6$

정답 $a=6$

방정식에서는 등식의 성질을 이용해서 골치 아픈 분수를 없앨 수 있다. 왜냐하면, 양변에 같은 수를 곱해도 등호가 성립한다는 '등식의 성질' 때문이다. 분모의 최소공배수를 양변에 곱해주면 분모를 없애고 아주 쉬운 방정식으로 변신시킬 수가 있다.

방정식 문제 3

x에 대한 방정식 $\dfrac{x}{6} - \dfrac{1}{2} = \dfrac{x}{3} + 2$의 해를 구하시오.

풀이

$\dfrac{x}{6} - \dfrac{1}{2} = \dfrac{x}{3} + 2$의 양변에 분모의 최소공배수 6을 곱하여 풀면

$$6\left(\frac{x}{6} - \frac{1}{2}\right) = 6\left(\frac{x}{3} + 2\right)$$

$$x - 3 = 2x + 12$$

$$x - 2x = 12 + 3$$

$$-x = 15$$

$$x = -15$$

정답 $x = -15$

방정식에서는 등식의 성질을 이용해서 골치 아픈 소수도 없앨 수 있다.

소수가 나오는 방정식의 양변에 10, 100, 1000등을 곱해주어 소수를 없애주면 아주 쉬운 방정식으로 변신시킬 수가 있다.

방정식 문제 4

x에 대한 방정식 $0.7x+0.2=0.5x-1.4$의 해를 구하시오.

풀이

$0.7x+0.2=0.5x-1.4$의 양변에 10을 곱하여 풀면

$$10(0.7x+0.2)=10(0.5x-1.4)$$
$$7x+2=5x-14$$
$$7x-5x=-14-2$$
$$2x=-16$$
$$x=-8$$

정답 $x=-8$

고대 중국과 이집트의 방정식은 앞에서 간단히 소개했다. 이번에는 고대 바빌로니아와 그리스의 방정식에 대해 알아보자.

바빌로니아에서는 제곱표, 세제곱표, 지수표까지 만들어 다양한 분야에 활용했는데, 이 표들 덕분에 일차, 이차, 삼차방정식과 연립일차방정식까지 풀 수 있었다고 전해진다.

그들의 점토판에는 바빌로니아인들의 방정식과 그 풀이 방법이 고스란히 남아있다.

정사각형의 넓이에서 정사각형의 한 변을 뺀 넓이가 14.30일 때 정사각형의 한 변의 길이를 구하시오.

바빌로니아 60진법을 쓰고 있었기 때문에 $14.30 = 14 \times 60 + 30 \times 1 = 870$을 말한다. 정사각형의 한 변의 길이를 x라 하면 다음과 같은 이차방정식을 만들 수 있다.

$$x^2 - x = 870$$

고대 그리스에서는 디오판토스가 1차, 2차, 3차방정식 등을 연구해, 189개의 방정식 문제를 실은 〈산학Arithmetica〉을 집필하였다. 디오판토스는 글로만 표현되던 방정식에 문자를 처음 도입한 수학자로 유명하다. 그는 모르는 수(미지수)를 r로 나타내거나, 미지수의 제곱을 현재의 거듭제곱과 비슷한 형태($\varDelta^r$)로 나타내는 등 수학에 처음으로 문자를 도입해 '대수학의 아버지'라 불리게 되었다.

디오판토스의 묘비명

그는 그의 인생 중 1/6을 소년으로 보냈다. 그 뒤 인생의 1/12이 지나자 얼굴에 수염이 나기 시작했다. 또다시 인생의 1/7이 지난 뒤, 그는 아름다운 여인을 맞이하여 결혼하였으며, 결혼한 지 5년 후 귀한 아들을 얻었다. 그러나 그의 아들은 아버지의 반밖에 살지 못했다. 아들을 먼저 보낸 슬픔에 빠진 그는 4년 후 생을 마감했다. 그렇다면 그는 얼마 동안 산 것일까?

방정식을 연구한 수학자들
브라마굽타, 알콰리즈미

인도에서는 7세기에 브라마굽타가 근의 공식과 유사한 이차방정식의 풀이법을 소개했다. 그가 제시한 이차방정식의 해와 현재의 근의 공식으로 유도된 해를 비교해보면 다음과 같다. (근의 공식 : 이차방정식 $ax^2+bx+c=0$의 해를 구할 수 있는 공식을 '근의 공식'이라고 한다. 근의 공식은 중학교 3학년 때 배우게 되는 공식인데, 고등학교를 졸업할 때까지 만 번도 넘게 보게 될 식이니 잘 봐두기 바란다!)

$$\text{브리마굽타의 해} \quad x = \frac{\sqrt{ac+\left(\frac{b}{2}\right)^2}-\frac{b}{2}}{2}$$

$$\text{오늘날 근의 공식의 해} \quad x = \frac{-b\pm\sqrt{b^2-4ac}}{2}$$

그 후 9세기에 이르러 아라비아의 수학자인 알콰리즈미(Al-Khwārizmi)는 대수학에 관한 저서 《알자브르 알무카발라》를 남기는데, 대수학을 뜻하는 영어 Algebra는 바로 이 책의 제목에서 유래되었다.

알자브르(al-gebr)는 '이항'을, 알무카발라(almuqubala)는 '동류항 정리'를 의미하는데, 그가 정리해 놓은 이항과 동류항 정리는 방정식 풀이에 없어서는 안 되는 기본 중의 기본이다.

또, 알콰리즈미는 이차방정식의 해를 구하고 이를 기하학을 이용해 증명해 보이기도 했는데, '$x^2+8x=65$'의 해를 알콰리즈미의 방식으로 구해보면 그의 빛나는 아이디어에 절로 감탄하게 된다.

$x^2+8x=65$의 해를 구하기 위해 x^2+8x를 나타내는 도형을 그린다. (그림 1)

이 도형의 네 모퉁이에 한 변의 길이가 2인 정사각형을 채워 넣으면 그 도형은 정사각형이 된다. (그림 2)

만들어진 정사각형의 한 변의 길이를 구해보면 $(x+4)$임을 알 수 있다.

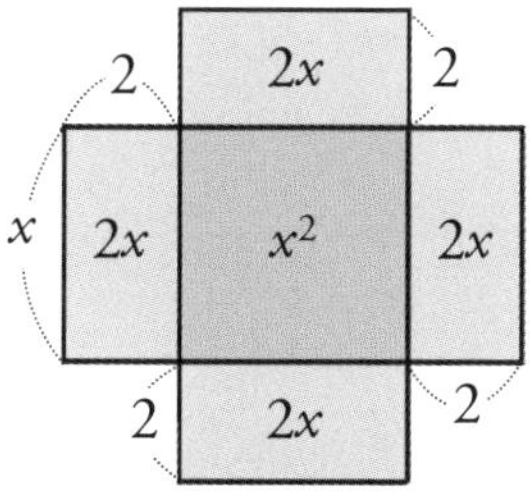

(그림 1)

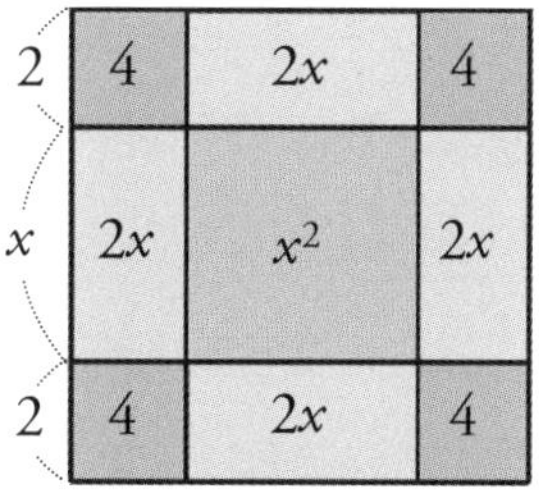

(그림 2)

원래 $x^2+8x=65$였는데 작은 정사각형 4개의 넓이 16이 더해졌다.

$x^2+8x+16=81$이고 $x^2+8x+16=(x+4)^2$이므로 $(x+4)^2=81$이다.

여기서 $x+4=9$라는 걸 알 수 있고, $x=5$를 구할 수 있다.

16세기 이탈리아의 유명한 수학자 카르다노(Caedano, 1501~1576)는 제자인 페라리(Farrari, 1522~1565)와 함께 〈위대한 기술〉이라는 책을 발표하였는데, 거기에는 세상을 깜짝 놀라게 만들 3차, 4차 방정식의 해법이 담겨있었다.

당시는 '수학대결'이 많이 벌어졌는데, 우승자에게는 큰 상금이 주어졌다. 어려운 방정식 문제 중에는 푸는 데 열흘이 넘게 걸리는 것도 있었다. 사람들은 방정식의 해법을 알아내고 싶어 했지만, 3차, 4차 방정식의 해법을 만들어내는 것은 그리 쉽지 않았다.

카르다노는 타르탈리아에게서 3차방정식 해법에 관한 힌트를 얻은 뒤, 이를 토대로 페라리와 연구를 거듭해 결국 그 해법을 완성시켰다. 타르탈리아에게 힌트를 얻을 때는 절대로 외부에 발설하지 않겠다고 약속했었지만 해법이 완성되고 난 뒤에는 조금씩 마음이 변하기 시작했다. 페라리가 4차방정식의 해법까지 찾아내자 이제는 도저히 참을 수 없는 상황이 되었다. 그는 책을 써서 온 세상에 3차, 4차 방정식의 해법을 알리기로 했다. 방정식의 해법이 담긴 〈위대한 기술〉은 카르다노를 '유럽 최고의 수학자'로 만들어 주었다. 방정식의 해법은 그만큼 뜨거운 이슈였다.

카르다노는 방정식 뿐 아니라 확률론에도 관심이 많았다. 그는 확률론의 아버지인 파스칼보다도 이른 시기에 확률을 연구하고 책을 남겼다. 그가 확률에 관심을 가진 이유는 순전히 도박 때문이었다. 그는 도박을 매우 좋아했으며, 자신의 수학적 재능을 도박을 하는데 적극적으로 이용하고 싶어 했다. 하지만 운이 없었는지 수학자로 활약해 번 돈을 매번 도박으로 탕진해버렸다. 그는 점성술에도 심취해있었는데 스스로 자신의 죽음을 예언한 뒤, 그 예언을 실현시키고자 자살로 생을 마감했다고 한다.

카르다노의 제자인 페라리는 원래 카르다노의 하인이었다. 페라리의 영특함을 알아본 카르다노가 그를 제자로 받아들이고 수학을 가르치기 시작했는데, 페라리의 인생은 카르다노 덕분에 180도 달라졌다.

페라리의 수학실력은 스승인 카르다노와 3차방정식의 해법을 완성한 데서 그치지 않고, 자신의 실력으로 사차방정식의 해법을 발견하는 데까지 발전하게 되었으며, 결국엔 스승인 카르다노를 훨씬 넘어서게 되었다.

페라리는 자신의 재능을 알아봐 주고 공부할 기회를 준 스승을 위해 무엇이든 할 수 있는 충성스런 제자였던 것 같다. 페라리는 노골적으로 스승을 비난하는 파르탈리아와 '수학대결'을 하게 되는데, 타르탈리아는 그 당시 수학대결의 상금을 거의 독식하다시피 했던 아주 뛰어난 수학자였다. 페라리는 스승의 명예를 걸고 타르탈리아와의 대결에 임했다.

페라리는 지신이 직접 만들어낸 4차방정식의 해법을 이용해 타르탈리아를 단숨에 꺾어 버렸다. 페라리가 4차방정식의 해법을 찾아냈다는 것을 상상도 하지 못했던 타르탈리아는 어렵기로 소문 난 4차방정식을 순식간에 풀어버리는 페라리의 실력에 깜짝 놀랐고, 자신의 실력을 보여 줄 기회조차 얻을 수 없었다. 놀라운 페라리의 승리와 타르탈리아의 허망한 패배 소식은 순식간에 퍼져나갔다. 페라리가 유명해지는 속도만큼 빠르게, 타르탈리아는 사람들의 기억 속에서 사라져갔다.

아벨

갈루아

3, 4차 방정식의 해법이 발표되자, 수학자들의 관심은 5차 방정식의 해법으로 옮겨 갔다. 하지만 300여 년이 지나도록 5차방정식의 일반적인 해법은 나오지 않았다. 일반적인 해법을 찾지 못했다는 것은 방정식을 풀 수 없다는 것이 아니라, 어떤 5차방정식에도 적용 가능한 '근의 공식'을 만들지 못했다는 것을 의미한다.

19세기에 들어서야 두 천재 수학자 아벨(Abel, 1802~1829)과 갈루아(Galois 1811~1832)가 5차 이상의 방정식의 일반적인 해법은 존재하지 않는다는 것을 증명해냈다.

존재하는 것을 찾아내는 것도 쉬운 일은 아니지만, 이 세상에 존재하지 않는 '그 무엇'이 실제로 '존재하지 않음'을 증명하는 것은 훨씬 더 어려운 일이 아닐까? 300년이 넘는 세월동안 수많은 천재 수학자들이 그토록 원했던 일을, 20대에 요절한 젊은 수학자들이 해 낸 것이다.

그들이 5차 이상의 방정식의 일반적이 해법이 존재하지 않음을 증명하는 과정에서 발견한 '군'과 '대칭'의 개념은 19세기 이후 '현대대수학'이라는 새로운 수학 분야를 개척해 냈으며, 20세기에 들어와서는 핵물리학이나 유전공학을 연구하는 데 없어서는 안 되는 중요한 아이디어가 되었다.

두 사람은 공통점이 많다. 업적도 그렇지만 불우한 환경도 비슷하게 닮았다.

둘은 어려운 형편에도 불구하고 연구를 계속했는데 아벨의 논문은 제출하자마자 쓰레기통에 버려졌고, 갈루아의 논문은 관리자의 부주의로 분실되는 등 불운까지 겹쳤다. 그들의 천재성은 당시 수학자들이 도저히 이해할 수 없을 정로도 뛰어났기 때문에 누구도 그들의 가치를 알아보지 못했다는 것도 비슷했다. 그들은 원하는 학교에 입학할 수 없었고, 연구를 위한 후원도 받을 수 없었다. 가난과 편견과 싸워야만 했다.

아벨과 갈루아가 짧은 생을 통해 발표한 이론들을 수학자들이 온전히 이해하는 데 걸린 시간만 100년이라고 한다. 그들이 이 세상에 조금 더 오래 머물렀다면 어땠을까? 그들로 인해 이 세상은 어떻게 달라졌을까?

기호를 만든 사람들

http://astro.kasi.re.kr

프랑수아 비에트 François Viète

$$a, e, i, \cdots$$

알파벳을 미지수로 사용

토머스 해리엇 Thomas Harriot

$$x \times x = xx$$

식을 더 간단히 함

르네 데카르트 René Descartes

$$x \times x = x^2$$

거듭제곱을 완성함

$x^3 - 5x^2 + 12x$ 표현 비교

$1C - 5Q + 12N$	$aaa - 5aa + 12a$	$x^{3^*} - 5x^{2^*} + 12x$
비에트식 표현	해리엇식 표현	데카르트식 표현

만약 요즘의 방정식이 파피루스나 〈구장산술〉처럼 일상의 언어로 길게 표현되어 있었다면 어땠을까? 제아무리 뛰어난 수학자라 하더라도 현재와 같은 성과를 이뤄내는 것은 불가능하지 않았을까?.

현재까지 수학이 이룬 모든 것들, 그리고 수학을 도구로 사용하는 다른 학문들이 이뤄낸 눈부신 발전, 모두 수학에 문자와 기호를 도입해 사용했기 때문에 가능한 일들이었다.

16세기에 '+', '−' 기호를 만든 것으로 유명한 비에트(Viete, 1540~1603)는 본격적으로 방정식에 미지수를 사용하여 대수학의 체계를 잡기 시작했다. 그는 미지수에는 a, e, i, o, u같은 알파벳 모음을, 상수에는 알파벳 자음을 도입했다.

그 뒤 부등호(<, >, ≤, ≥)를 처음 만든 헤리엇이 기호체계를 다듬어 문자의 사용을 더 편하고 쉽게 만들어주었다. 이후 데카르트는 미지수를 x, y로, 상수를 a, b, c로 하는 현대 기호체계를 완성하고, 밑과 지수를 이용하는 거듭제곱까지 개발해 냄으로써 문자를 이용하는 대수학이 더욱 발전할 수 있는 토양을 만들었다.

기호의 역사

저자	시기	기호
요한 비트만	1489	+, −
크리스토프 루돌프	1525	√ (현재의 √⎺)
로버트 레코드	1557	=
윌리엄 오트레드	1631	×
요한 란	1659	÷
헤리엇	1631	>, <
바이어슈트라스	1841	│ │
오일러	1734	$f(x)$

문자와 기호에 대한 약속은 새로운 기술을 익히는 것과 같아 악기를 처음 다룰 때나 수영을 처음 배울 때처럼 연습과 숙달의 과정이 필요하다. 손에 바이올린이 들려있다고 해서 처음부터 아름다운 곡을 멋지게 연주할 수는 없는 것처럼, 처음부터 문자를 잘 사용하는 것은 불가능하다. 문자와 기호의 의미를 잘 익히고 연습하다 보면 그것들을 이용해 나타낸 수식의 편리함과 실용성에 감사함을 느끼게 될 날도 올 것이다.

과학동아 2009년 2월 (글 : 이현경 기자, uneasy75@donga.com)

수학으로 콜레라 잡는다

지난해 8월 아프리카 짐바브웨에서 콜레라가 발생한 이후 1월 17일 현재 4만 448명이 감염됐고 이 중 2106명이 숨졌다. 앞으로는 콜레라 확산으로 인한 인명 피해를 수학으로 막을 수 있을지도 모른다.

미국 테네시대 수학과 대학원생인 레이첼 나일란을 비롯한 연구팀은 콜레라의 확산 경로를 예측하는 수학 방정식을 만들어 지난 1월 초 미국 워싱턴 DC에서 열린 수학학회에서 발표했다고 '네이처' 온라인판 1월 9일자가 보도했다. 이 모델을 이용하면 백신 접종과 위생 상태, 항생제 치료 수준을 어떤 방식으로 결합해야 감염을 가장 효율적으로 막을 수 있는 계산할 수 있다.

연구팀은 현대적인 치료를 할 수 없었던 1900년 초 벵골 만을 휩쓴 콜레라에 이 모델을 적용해 시뮬레이션을 했다. 그 결과 콜레라가 발생한지 2~3주 안에 275명이 항생제 치료를 받아야 하며, 20일 동안은 백신을 접종하고 위생 상태를 청결하게 유지하도록 했다. 이로부터 콜레라로 인한 사망자 수는 31명에서 9명으로, 감염자는 절반으로 줄었다.

이에 대한 미국 메릴랜드대 분자미생물학자인 리타 클웰 교수는 "환상적"이라며 "이런 연구 덕분에 과거에 비해 전염병을 정량적으로 다룰 수 있고 지역의 특성도 잘 반영된다"고 평가했다.

한편 나일란 씨는 "이 모델을 조금 수정하면 짐바브웨의 콜레라 확산도 막을 수 있을 것"이라고 밝혔다. 현재 세계보건기구는 짐바브웨에 백신을 수송하기 어렵고 백신을 접종하더라도 효과가 나타나는 데 시간이 걸릴 것이라고 판단해 백신 접종을 권하지 않고 있다.

앞의 기사처럼 콜레라 확산을 막아주는 방정식은 물론, 범죄발생을 예측하는 방정식, 교통체증을 막아주는 방정식, 주가변동과 그에 따른 예상수익을 계산해내는 방정식, 컴퓨터 단층촬영기기를 만드는 방정식, 교량을 튼튼하게 버티게 만드는 방정식, 비행기가 날 수 있도록 만들어주는 방정식 등 이 세상은 온통 방정식으로 가득 차 있다. 우리가 사용하고 있는 모든 기기들, 우리가 살고 있는 건물, 타고 다니는 교통수단을 포함한 모든 것이 방정식으로 만들어지고 또 돌아가고 있다고 해도 과언이 아니다.

지금까지 그래왔듯이 방정식은 인류가 당면한 많은 문제들을 해결하는 데 큰 역할을 담당할 것이다. 많은 방정식이 새로 만들어질 것이고 그로 인해 우리의 생활은 한층 더 편리하고 안전하고 또 재미있어질 것임에 틀림없다. 방정식이 처음 만들어졌던 고대의 그 날로부터 현재에 이르기까지 방정식은 우리의 삶의 현장에서 한 번도 떠난 적이 없으며, 우리의 삶은 그 방정식의 혜택 속에서 오늘도 활기찬 하루하루를 맞고 있다.

방정식으로 이런 것까지 만들 수 있다

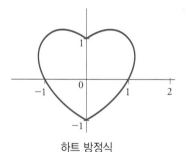

하트 방정식

$$(x^2+y^2-1)^3-x^2y^3=0$$

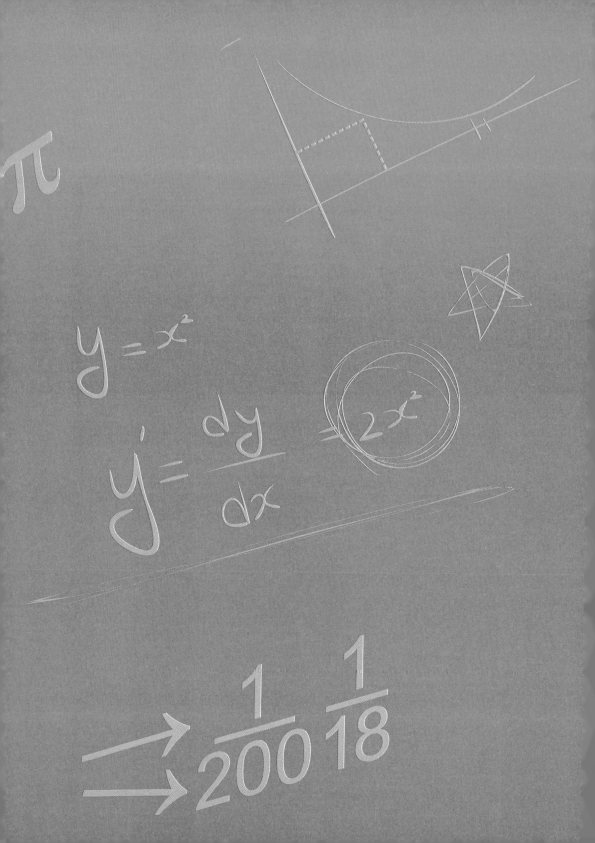

함수
걱정 마!

4

Theme	갈래
함수 이야기	함수와 그래프

함수는 왜 중요할까?

중학 수학에서 제일 중요한 단원이 뭐냐고 묻는다면 두말할 것도 없이 '함수'이다. 중1, 2, 3학년 모두 1학기의 맨 마지막 단원으로 함수를 배우게 되는데, 함수 이전에 나오는 단원들은 사실, 함수를 제대로 이해하고 공부하기 위한 도구들이라고 해도 과언이 아니다.

그런데 이 말은 함수 단원을 제대로 공부하기 위해서는 그 전에 배운 도구들을 잘 사용할 수 있어야 한다는 뜻이기도 하다.

많은 학생들이 함수를 힘들어하는 이유가 바로 여기에 있다. 함수문제를 풀기 위해서는 수나 문자를 다룰 수 있어야 하고, 방정식도 풀 줄 알아야 한다. 그래서 이 부분에 어려움이 있으면 함수를 잘 배워도 문제를 풀어내는 데 기술적인 한계가 부딪치게 된다. 그러니 아직 기술이 서툴다고 생각되는 친구들은 잠시 시간을 내서 연습을 한 뒤 함수를 생각해도 좋다.

학년이 올라갈수록 함수의 중요성과 비중은 매우 커진다. 고등학교 수학교과서를 보면 일차함수, 이차함수, 유리함수, 무리함수, 합성함수, 역함수, 지수함수, 로그함수, 함수의 극한, 함수의 연속, 도함수, 음함수…… 여러분은 수학책 속에 '함수'라는 이름이 달린 단원이 상상을 초월할 정도로 많다는 사실에 깜짝 놀라게 될 것이다. 하지만 이게 다가 아니다. 함수와 상관없는 것 같은 단원에서조차 응용문제 속에 녹아져 있는 함수의 존재를 자주 느끼게 될 것이기 때문이다.

만약 이런 함수를 싫어하게 된다면 과연 무슨 일이 일어날까?

사실 너무나 안타깝게도 함수란 것이 어떤 매력을 가지고 있는지 느껴 보기도 전에 많은 학생들은 '함수=어려움'이라는 잘못된 고정관념을 가지고 수학을 시작한다. 그래서 노력도 해보지 않고 함수를 포기하는 학생들도 있다. 그러다 보니 그래프만 나오면 문제를 읽지도 않고 포기한다는 친구들도 종종 보게 된다.

고2가 되면 전체 고등학생의 70퍼센트 정도가 수학을 포기하는 '수포자'가 된다고 하는데 그 책임을 오로지 함수에 돌리는 학생들도 많다. 함수가 정말 그렇게 어렵고 사악한, 나쁘기만 한 단원일까? 어쩌면 전혀 그렇지 않을 수도 있다.

중학교 1학년 때 함수 단원에서 알아야 하는 내용은 함수의 정의, 두 양의 관계를 식으로 표현하는 방법, 좌표평면 위에 점을 찍는 방법, 그 점들을 연결해서 그래프를 그리는 것뿐이다.

물론 학년이 올라가면 함수라는 단원에서 우리에게 요구하는 것들도 당연히 조금씩 늘어나게 된다. 하지만 그때그때 알아두어야 할 것들을 조금만 성의를 가지고 공부해 놓으면 함수 때문에 그렇게 골치 아플 일은 많지 않다. 어쩌면 식을 다루며 계산을 주로 했던 그 전 단원들에 비해서, 그래프도 그리고 이것저것 생각해 볼 게 많아 재미있게 공부할 수 있는 요소들이 많다고 느낄 수도 있을 것이다.

또 우리 주변에서 일어나는 많은 상황들 속에서 함수식으로 표현 가능한 것들을 찾아보고, 그 관계를 해석하고 예측하는 연습을 한다고 생각하면 함수라는 것을 배운다는 게 참 의미 있는 일이 될 수도 있다. 함수가 우리를 괴롭히는 사악한 단원이 되느냐, 재밌고 유용한 단원이 되느냐는 우리가 함수를 어떻게 바라보느냐에 따라 완전히 달라질 수 있다. 그리고 그 선택은 지금 함수 앞에 서 있는 여러분 자신이 스스로 하는 것이다.

이제 우리는 누군가는 그렇게 어렵다고 하고, 또 누군가는 그렇게 중요하다고도 하고, 또 소수(小數)의 누군가는 아주아주 재미있다고도 하는 '함수'를 드디어 만나게 되었다. 여기까지 오는 동안 우리는, 초등학교 다니는 내내 잘 알고 있다고 생각했던 자연수 중에 '소수'라는 매우 중요한 수가 숨어 있었다는 것도 알게 되었고, '음수'를 만나기도 했으며, '문자'와 '기호'를 도입한 수학 때문에 잠시 겁을 먹기도 했었다. 이제 그 과정을 모두 지나 그 '대단하다'는 '함수' 앞에 함께 서 있는 것이다('걱정 마, 수학!'의 마지막 챕터에 도착한 것이기도 하다).

여러분은 지금까지처럼 천진난만하게, 함수란 것이 무엇이고, 어떤 눈을 가지고 바라봐야 하는지, 그리고 함수와 관련된 재미있는 이야기들은 어떤 것들이 있는지, 나와 함께 경험해보는 시간을 가지면 된다. 혹시 궁금한 것이 있으면 그냥 지나치지 말고, 'Google 신'께 무릎 꿇고 물어봐도 되고, '예쁜 여학생 있나' 구경 가는 곳으로만 알았던 도서관에 가서 책을 찾아봐도 좋다. 또는 귀신같이 수학을 잘하는 친구에게 물어볼 수도 있다. 이도 저도 안 되면, 책 어딘가에 숨어있을 나의 e-메일로 질문을 해도 좋다. 수학에 대한 이런 작은 관심과 노력이 여러분의 다음 학기, 혹은 다음 학년, 그리고 꼭 학교가 아니라 할지라도, 여러분의 미래의 그 어느 순간을 바꾸어 놓을 큰 자산이 될 수 있을 것이다.

부디 많은 학생들이 함수에 대한 첫 단추를 잘 끼워서, 고등학교에 가서 만나게 될 함수라는 파도 위에서 멋진 파도타기를 보여주길 기대하며 진심을 다해 4챕터의 문을 연다.

함수와 그래프

수업 걱정 마!

1. 함수의 정의

① **변수** : 여러 가지 값을 가질 수 있는 x, y와 같은 문자

$$y = 5\,x$$

변수

상수

② **함수** : x의 값이 하나 정해지면 그에 따라 y의 값이 오직 하나씩 정해지는 대응 관계를 y는 x의 함수라 하고, 기호로 $y=f(x)$와 같이 나타낸다.

핵심 포인트

함수의 정의

$$y=f(x)$$

x값에 따라 y의 값이 하나씩 정해지는 관계
$f(x)$의 f는 function(작용한다)의 약자

지구온난화와 해수면 상승, 태양흑점의 개수와 지구의 기후변화, CCTV 설치와 범죄 발생률, 금리인상과 아파트값, 북한의 도발과 주가 같이 사람이 숨 쉬는 어디에나 서로 영향을 미치며 변화하는 것들이 존재한다. 그리고 그것들이 어떻게 연결되어 서로 영향을 미치는지 그 관계를 제대로 이해하고, 예측하고, 준비하는 것은 우리의 삶에 지대한 영향을 미친다. 그래서 현대 수학은 이렇게 변화하는 두 양 사이의 관계를 연구하는 '함수'라는 분야에 매우 큰 관심을 가지고 있다. 함수의 기본이 바로 '변화하는 두 양 사이의 관계'를 식으로 나타내고, 그것을 다시 그래프로 표현해서 해석–예측하는 것이기 때문이다.

　　함수가 이렇게 멋진 단원이라는 데에 감탄한 친구들도 있겠지만, '함수가 그렇게 엄청난 거라니!' 하면서 혹시 어렵지는 않을까 하고 걱정부터 생기는 친구들도 분명 있을 것이다. 하지만 함수를 처음 시작하는 중1에는 함수의 걸음마에 해당하는 아주 쉬운 것들만 다루게 되니까 걱정할 게 전혀 없다.

그럼 함수란 무엇인지 그 정의부터 알아보자.

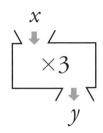

초등학교 때부터 보아 온 낯설지 않은 '수 상자'이다. 이 수 상자에 어떤 수가 들어가면, 상자는 '×3'을 해서 밖으로 내보내는 작용(function)을 한다. 들어가는 수를 x, 나오는 수를 y라 할 때, 들어가는 수가 변함에 따라서 나오는 수는 어떻게 달라지는지 표로 나타내보자.

x	1	2	3	4	5	6
y	3	6	9	12	15	18

상자 안에 들어가는 수가 1이면 나오는 수는 3이 된다.
상자 안에 들어가는 수가 2이면 나오는 수는 6이 된다.
이런 x와 y의 관계를 식으로 나타내면 $y=3x$가 된다.

$y=3x$와 같은 식에서 들어가는 수인 x가 결정되면 그에 따라서 나오는 수인 y도 하나로 정해지게 되는데, 수학에서는 이런 경우를 '함수'라고 말

하고, 기호로는 '$y=f(x)$'라고 표현한다. $y=f(x)$에서 'f'는 작용한다(function)는 뜻의 영어단어 첫 글자를 따 온 것이다. 'y'란 값은, 수 상자에 들어온 x에 '$\times 3$'이라는 작용을 해서 나온 값이기 때문에 $f(x)$란 표현을 쓴다고 이해하면 된다. x에 어떤 작용을 해서 만들어진 값이 바로 y가 되는 것이다.

2. 함숫값

① **정비례함수** : x가 2배, 3배가 되면 y도 똑같이 2배, 3배가 되는 함수

$$y = ax\,(a \neq 0)$$

② **반비례함수** : x가 2배, 3배가 되면 y는 $\dfrac{1}{2}$배, $\dfrac{1}{3}$배가 되는 함수

$$y = \dfrac{a}{x}\,(a \neq 0)$$

③ **함숫값 $f(a)$** : 함수 $f(x)$에 x대신 a를 대입하여 얻은 값

정비례, 반비례, 함숫값

정비례함수 : $y = ax\,(a \neq 0)$

반비례함수 : $y = \dfrac{a}{x}\,(a \neq 0)$

함숫값 : $f(a)$

치킨을 1마리 먹으면 다리뼈가 2개가 나온다. 먹은 치킨의 마릿수에 따라 다리뼈의 개수가 몇 개가 되는지 표로 나타내 보면 다음과 같다.

치킨 수(마리)	1	2	3	4	5	6	⋯
다리뼈의 개수(개)	2	4	6	8	10	12	⋯

이때 치킨의 수를 x로, 다리뼈의 수를 y로 나타내어 식으로 표현해보면 $x \times 2 = y$가 된다. 그런데, 다리뼈의 수 y는 먹은 치킨의 수인 x에 따라 하나씩 결정되는 함수가 된다.

함수식은 $y = f(x)$의 형태로 표현하는 것이 일반적으로 약속된 표현방식이다. 따라서 $x \times 2 = y$를 함수식으로 제대로 표현해보면 $y = 2x$가 된다.

그런데 가만히 표를 보면

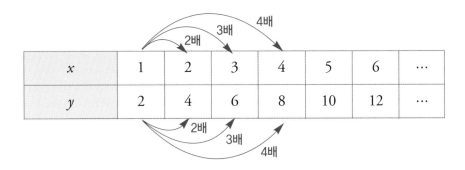

x가 2배, 3배, 4배⋯가 되면 y도 똑같이 2배, 3배, 4배⋯가 되는 것을 볼 수 있는데 이러한 관계를 '정비례관계'라고 한다. $y = 2x$뿐 아니라, $y = 3x$, $y = -2x$, $y = \dfrac{1}{2}x$, $y = 0.3x$⋯ 모두 x가 2배, 3배, 4배⋯가 되면 y도 똑

같이 2배, 3배, 4배⋯가 되는 정비례관계 함수이고, 정비례 함수는 모두 $y=ax(a\neq0)$의 형태로 표현된다.

커다란 패밀리 사이즈(family size) 피자를 주문했더니 12조각으로 나누어져 있었다. 모인 사람 수에 따라서 한 사람이 먹을 수 있는 피자 조각수가 어떻게 달라지는지 표로 나타내 보면 다음과 같다.

사람 수(사람)	1	2	3	4	6	12	⋯
한 사람이 먹을 수 있는 피자 조각 수(개)	12	6	4	3	2	1	⋯

이때 사람 수를 x로, 먹을 수 있는 조각 수를 y로 나타내어 식으로 표현해보면 $x\times y=12$가 된다. 그런데, 먹을 수 있는 조각의 수 y 역시, 사람 수인 x에 따라 하나씩 결정되는 함수가 된다.

이번에도 함수식인 $y=f(x)$의 형태로 표현해 보면 $x\times y=12$라는 식은 $y=\dfrac{12}{x}$가 된다. $y=\dfrac{12}{x}$의 표는 앞에서 살펴본 $y=2x$와는 달리 x가 2배, 3배, 4배가 되면 y는 $\dfrac{1}{2}$배, $\dfrac{1}{3}$배, $\dfrac{1}{4}$배가 되는 것을 알 수 있는데, 이런 관계를 '반비례관계'라고 한다.

x	1	2	3	4	6	12	⋯
y	12	6	4	3	2	1	⋯

x가 2배, 3배…가 되면 y는 $\frac{1}{2}$배, $\frac{1}{3}$배…가 되는 반비례관계의 함수식은 $y = \frac{a}{x}(a \neq 0)$와 같이 표현된다.

$y = ax(a \neq 0)$, $y = \frac{a}{x}(a \neq 0)$ 이 두 가지 모두 x값이 하나로 정해지면 그에 따라서 y값도 하나로 정해지는 대응관계를 나타내 주는 함수식이다. 이러한 함수식의 x에 어떤 수를 대입해서 얻어진 y값을 '함숫값'이라고 부른다. 예를 들어 $y = 2x$라는 정비례함수에서 $x = 2$일 때, $y = 6$이 되는데, 이 때 얻어진 6이 바로 함숫값이 되는 것이다. 그리고 이 함숫값인 6은 $x = 2$일 때의 계산결과이기 때문에 $f(2) = 6$이라고 표현한다. $y = \frac{12}{x}$에서 $x = 4$일 때를 계산해보면 $y = 3$이 되는데, 3 역시 x에 어떤 수를 대입해서 결정된 값이므로 함숫값이 된다. 그리고 $x = 4$일 때의 함숫값이 3이므로 $f(4) = 3$이라고 표현한다.

$$x = \boxed{2} \ \text{일때 함숫값} : 6$$

$$f(\ 2\ ) = 6$$

$$x = \boxed{4} \ \text{일때 함숫값} : 3$$

$$f(\ 4\ ) = 3$$

3. 좌표와 좌표평면

점의 위치를 수로 나타낸 것을 점의 좌표라 한다.

수직선에서는 한 개의 수를 가지고 점의 위치를 표현하고,

좌표평면에서는 두 개의 수를 가지고 점의 위치를 표현한다.

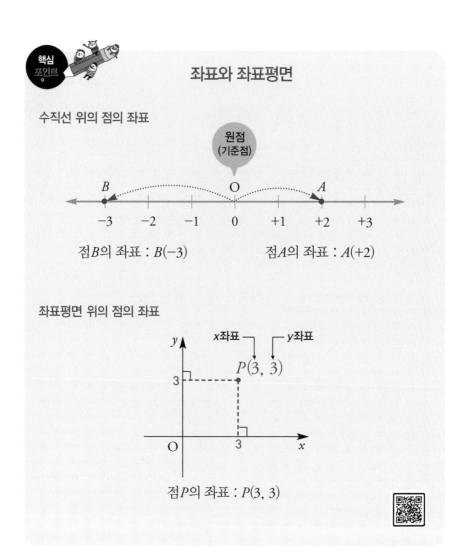

점B의 좌표 : B(-3)   점A의 좌표 : A(+2)

점P의 좌표 : P(3, 3)

수직선 위에서 점의 위치를 표현하는 데는 하나의 정보만 있으면 된다. 원점인 0을 기준으로 오른쪽이나 왼쪽으로 얼마나 떨어져 있는지만 나타낼 수 있으면 되기 때문이다.

점 A는 0에서 오른쪽으로 2만큼 이동해 있으므로 점 A의 위치를 나타내는 데는 '+2'라는 하나의 숫자만 있으면 된다. 그래서 점 A의 좌표는 A(+2)가 된다. 점 B는 0에서 왼쪽으로 3만큼 이동해 있어 점 B의 좌표는 B(−3)이 된다.

그런데 평면에서 어떤 점의 위치를 정확하게 나타내기 위해서는 원점을 중심으로 오른쪽인지 왼쪽인지 말고도, 위인지 아래인지 알려주는 정보가 하나 더 필요하다. 이런 이유로 데카르트는 수직선을 한 개 더 사용해서 다음과 같은 좌표평면을 고안해냈다.

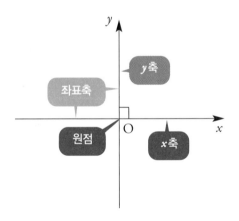

　좌표평면에는 두 개의 수직선이 가로와 세로로 놓여 있는데, 우리가 일반적으로 알고 있는 가로 수직선을 x축이라고 부르고, 그 수직선을 세로로 세워놓은 것을 y축이라고 부른다. 가로 수직선인 x축은 원점을 기준으로 왼쪽이나 오른쪽으로 얼마나 떨어져 있는지에 대한 정보를 제공해준다. 그리고 세로 수직선인 y축은 원점을 기준으로 위나 아래로 얼마나 떨어져 있는지에 대한 정보를 제공해준다. 평면에서는 원점을 기준으로 '좌우', '상하'로 얼마나 떨어져 있는지를 나타내는 두 가지의 정보가 있어야만 정확한 위치표현이 가능하다.

　x축과 y축이 수직으로 만나는 곳은 기준이 되는 원점(O)인데, 이곳이 모든 좌표의 시작점이다. 그리고 x축, y축 두 개를 좌표축이라고 부른다. 그럼 이 좌표평면과 좌표축을 이용해서 어떻게 점의 위치를 나타내는지 살펴보자.

4. 좌표 읽기

좌표는 순서쌍을 이용해 표현하고 읽을 수 있다. 순서쌍이란 순서가 정해진 두 개의 정보를 하나의 괄호 안에 나타내는 표현 방법을 말한다. 순서쌍으로 좌표를 표현할 때는, 괄호 안쪽에 x좌표를 먼저 쓰고, 쉼표를 찍은 후, 뒤에다 y좌표를 써주면 된다. 꼭 기억해야 할 것은 (x좌표, y좌표)처럼 x좌표와 y좌표의 순서를 반드시 지켜야 된다는 점이다. x좌표가 −5이고 y좌표가 +2일 때 순서쌍은 (−5, +2)라고 쓰면 된다. (+2, −5)라고 순서를 거꾸로 쓰면 절대로 안 된다. 또 +2 같은 경우 '+부호'를 생략해서 (−5, 2)라고 나타낼 수도 있다. 그리고 순서쌍을 읽을 때는 (−5, 2) : '마이너스5 콤마 2'라고 읽으면 된다.

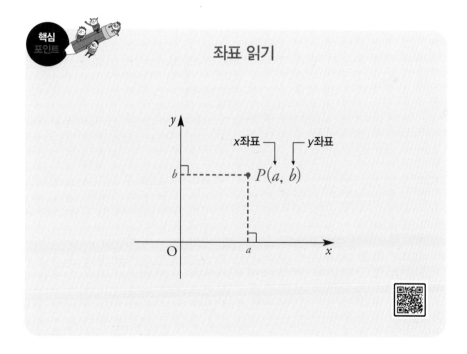

핵심 포인트

좌표 읽기

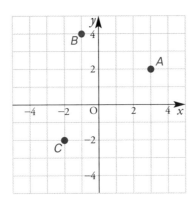

지금부터 세 점 A, B, C의 좌표를 각각 나타내보자. 모든 점은 원래 원점에 놓여 있었고, 거기서 출발해서 현재의 위치까지 어떤 방향으로 어떻게 움직였는지를 생각해보면 현재 그 점의 좌표를 쉽게 나타낼 수가 있다.

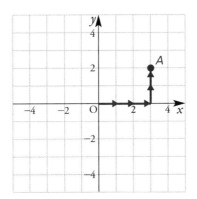

먼저 점 A부터 살펴보자.

점 A가 원점에서 시작해서 현재 위치에 오기 위해서는 우선 오른쪽으로 3칸, 위로 2칸을 움직여야 한다.

원점에서 좌우로 움직인 것은 x축을 통해 파악할 수 있는 y좌표이므로 점A의 x좌표는 +3이다. 위아래로 움직인 것은 y축을 통해 파악할 수 있는 y좌표이므로 점 A의 y좌표는 +2가 된다.

좌표평면 위의 점의 위치를 나타내는 x좌표와 y좌표를 (+3, +2)처럼 한꺼번에 나타낸 것을 순서쌍이라고 부르는데, 앞에는 x좌표, 뒤에는 y좌표를 순서를 꼭 지켜서 괄호 안에 써야 한다.

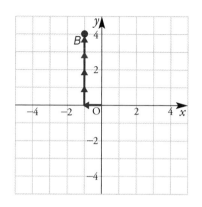 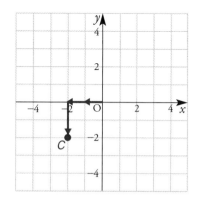

점 B는 원점에서 시작해서 현재 위치에 오기 위해서 왼쪽으로 1칸, 위로 4칸을 움직였을 것이다. 원점에서 왼쪽으로 1칸을 움직였으므로 x좌표는 −1이 된다. 또, 위로 4칸 움직였으므로 y좌표는 +4가 된다.

점 B의 좌표를 순서쌍으로 나타내면 (−1, +4)가 된다.

점 C는 왼쪽으로 2칸, 아래로 2칸 움직였으므로 점 C의 좌표는 (−2, −2)와 같이 나타낼 수가 있다.

5. 사분면

좌표평면에서 두 좌표축에 의하여 4개의 사분면으로 나누어지며

각 사분면에 속하는 점의 좌표는 다음 그림과 같다.

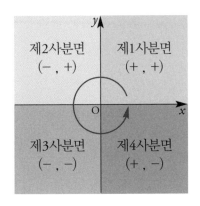

 **사분면**

점 $P(a, b)$의 위치	제1사분면	제2사분면	제3사분면	제4사분면
x좌표 a의 부호	$a>0$	$a<0$	$a<0$	$a>0$
y좌표 b의 부호	$b>0$	$b>0$	$b<0$	$b<0$

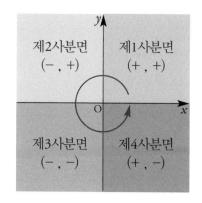

좌표평면은 x축, y축에 의해 4개의 면으로 나뉜다. 4개의 면 중 원점의 오른쪽 위에 있는 면을 '제1사분면'이라고 하고, 제1사분면에서 시작해서 시계 반대방향으로 돌아가면서 '제2사분면', '제3사분면', '제4사분면'이 위치한다.

사분면에서 가장 기본이 되는 것은 각 사분면의 이름과 위치를 정확하게 아는 것이겠지만, 시험문제에서 빠지지 않고 출제되는 것은 바로 각 사분면에 있는 점들의 x, y좌표의 부호이다.

제1사분면에 가기 위해서는 원점에서 오른쪽 위로 가야 하기 때문에 제1사분면에 있는 점의 x좌표는 +, y좌표는 +가 된다.

$$(+ , +)$$

제2사분면에 가기 위해서는 원점에서 왼쪽 위로 가야 하기 때문에 제2사분면에 있는 점의 x좌표는 −, y좌표는 +가 된다.

$$(- , +)$$

제3사분면에 가기 위해서는 원점에서 왼쪽 아래로 가야 하기 때문에
제3사분면에 있는 점의 x좌표는 −, y좌표도 −가 된다.

$$(- , -)$$

제4사분면에 가기 위해서는 원점에서 오른쪽 아래로 가야 하기 때문에
제4사분면에 있는 점의 x좌표는 +, y좌표는 −가 된다.

$$(+ , -)$$

x축이나 y축에 놓여있는 점들은 사분면을 나누는 경계에 있기 때문에
'어느 사분면에도 속하지 않는다.'고 표현한다.

6. 대칭인 점의 좌표

대칭인 점의 좌표

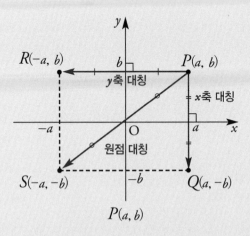

- x축에 대하여 대칭인 점 ➡ $Q(a, \underline{-b})$
  y좌표의 부호만 반대

- y축에 대하여 대칭인 점 ➡ $R(\underline{-a}, b)$
  x좌표의 부호만 반대

- 원점에 대하여 대칭인 점 ➡ $S(\underline{-a}, \underline{-b})$
  x좌표, y좌표의 부호가 모두 반대

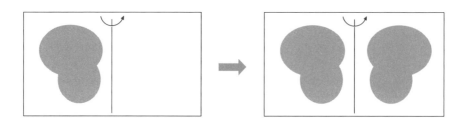

초등학교 미술시간에 '데칼코마니'를 해보지 않은 친구들은 거의 없을 것이다. 도화지에 물감을 듬뿍 짜 놓고 가운데 선을 기준으로 접었다 피면 양쪽에 똑같은 쌍둥이 그림이 생기게 되는데, 그 두 개의 쌍둥이 그림은 선대칭도형이다. 선을 기준으로 양쪽이 같은 모양일 때를 '선대칭'이라고 한다. 좌표평면위에 있는 어떤 점을 대칭 이동시키는 것은 데칼코마니와 같은 원리이다.

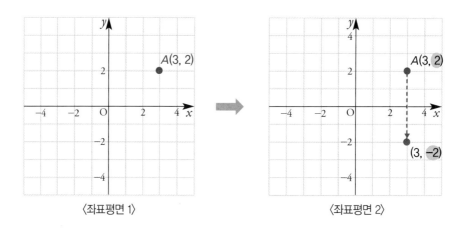

〈좌표평면 1〉　　　　　　　　〈좌표평면 2〉

좌표평면 위의 점 A를 x축에 대하여 대칭이동 시키면 어떻게 될까? x축에 대하여 대칭이동 시킨다는 것은 x축을 접어서 데칼코마니를 하는 상황과 같다.

그럼 A라는 점은 어디에 가서 찍힐까?

〈좌표평면2〉를 보면 원래 (3, 2)에 있던 A가 x축에 너머로 내려가서 (3, −2)에 있는 것을 알 수 있다. x축을 접어 이동시킬 때, 위에 있던 점이 아래로 내려오게 되면서 y좌표가 +2에서 −2로 바뀌게 된다.

그럼 이번에는 y축에 대하여 대칭이동 시켜보자.

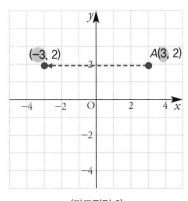

〈좌표평면 3〉

y축을 접어서 점 A를 이동시켜보면 (−3, 2)로 이동하게 된다. 오른쪽으로 3만큼 가있던 점이 왼쪽으로 3만큼 가게 되니까 x좌표가 +3에서 −3으로 바뀌게 된다.

두 점의 높이는 그대로니까 y좌표는 변함이 없다.

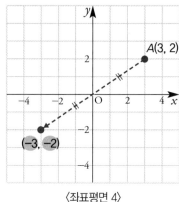

〈좌표평면 4〉

이번에는 원점에 대해서 대칭이동 시켜보자. 원점에 대해서 대칭이동한다는 것은 점 A를 원점 넘어 반대편으로 같은 거리만큼 보내는 것을 말한다.

원점을 기준으로 점 A의 위치는 '오른쪽 위'인 제1사분면이다. 원점대칭이동하게 되면 A는 원점의 '왼쪽 아래'로 가게 된다. 그래서 x좌표와 y좌표가 모두 부호가 반대가 된다. (+3, +2)였던 점이 원점대칭이동하면 (−3, −2)가 되는 것이다.

x축에 대하여 대칭이동 시키면 y좌표의 부호는 반대 가 된다.

y축에 대하여 대칭이동 시키면 x좌표의 부호는 반대 가 된다.

원점에 대해서 대칭이동 시키면 x좌표와 y좌표 모두 부호가 반대 된다.

7. $y=ax$의 그래프

① 원점을 지나는 직선이다.

② 정비례관계의 그래프이다.

③ a의 절댓값이 클수록 y축에 가까워진다.

④ $a>0$일 때 제1, 3사분면을 지난다.

⑤ $a<0$일 때 제2, 4사분면을 지난다.

$y=ax$의 그래프

함수 $y=ax(a \neq 0)$의 그래프 ➡ 원점을 지나는 직선

	$a>0$일 때	$a<0$일 때
그래프 모양		
지나는 사분면	제1사분면, 제3분면	제2사분면, 제4분면
증가·감소 상태	x의 값이 증가하면 y의 값도 증가한다.	x의 값이 증가하면 y의 값은 감소한다.

앞의 함수의 시작에서 나왔던 $y=2x$와 같은 정비례 그래프는 어떻게 생겼을까? 우리는 어떻게 그래프를 그릴 수가 있을까?

$y=2x$에서 x값이 -2, -1, 0, 1, 2일 때 y값이 각각 어떻게 정해지는지 표로 나타내면 다음과 같다.

x	-2	-1	0	1	2
y	-4	-2	0	2	4

또 위의 표에 나타난 x값과 y값을 한 쌍씩 순서쌍으로 나타내면 $(-2, -4)$, $(-1, -2)$, $(0, 0)$, $(1, 2)$, $(2, 4)$인데, 이 순서쌍들을 좌표평면에 나타내면 다음과 같은 5개의 점을 찍을 수 있다.

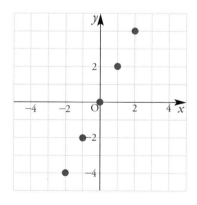

이 5개의 점은 $y=2x$라는 함수에서 x값이 -2, -1, 0, 1, 2로 5개만 주

어졌을 때의 그래프가 된다. 저런 것도 정말 그래프가 될 수 있냐고 묻는 학생들이 있는데, 그래프라고 해서 직선으로 쭉 연결되어 있거나 곡선으로 되어 있어야만 하는 것은 아니다. 저런 점들도 그래프가 될 수 있다.

그런데 x값에 대한 별다른 언급이 없이 함수 $y=2x$의 그래프를 그리라고 한다면 아래처럼 점들을 연결만 해주면 된다.

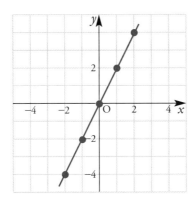

그래프를 그리기 위해서 앞의 저 복잡한 과정을 다 거쳐야만 하는 것일까? 그렇지 않다. 정비례 그래프를 그릴 때에는 아래의 3가지만 기억하면 된다.

1. 두 점 찾기
2. 두 점 찍기
3. 선긋기

진짜 이렇게 간단할까?

그렇다. 앞에서는 5개의 점을 먼저 찍고 그것들을 연결해서 $y = 2x$ 그래프를 그렸지만, 실제로 그래프를 그리는 데 필요한 점은 2개뿐이다. 5개의 점 중 어느 2개만 있어도 똑같은 직선 형태의 그래프를 그릴 수 있기 때문에 우리는 함수식을 이용해 두 점만 찾아내면 된다.

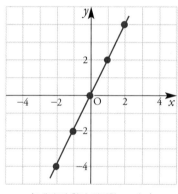

(5개의 점 찾아 연결한 그래프)

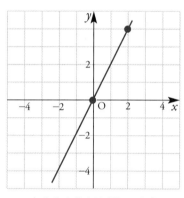

(2개의 점 찾아 연결한 그래프)

그런데 더 기쁜 소식은 정비례함수인 $y = ax$의 그래프의 가장 대표적인 특징이 원점(0, 0)을 지나는 직선이라는 것이다. 이 말은 두 개 중 하나의 점은 (0, 0)으로 이미 결정되어 있다는 뜻과 같다(그러니까 이 말은 우리가 그래프를 그리기 위해 찾아야 하는 점은 달랑 하나밖에 없다는 것이다).

그래프라는 것에 전혀 겁먹을 필요가 없다.

$y=ax$의 그래프는 원점 (0,0)을 지나는 직선이다.

a가 어떤 수가 되어도 $x=0$을 대입하면 $y=0$이 나올 수밖에 없다.

$y=2x$에서 $x=0$일 때 $y=0$임 ⟶ (0,0)을 지남

$y=-2x$에서도 $x=0$일 때 $y=0$임 ⟶ (0,0)을 지남

$y=\dfrac{1}{2}x$에서도 $x=0$일 때 $y=0$임 ⟶ (0,0)을 지남

$y=-0.7x$에서도 $x=0$일 때 $y=0$임 ⟶ (0,0)을 지남

그러면 나머지 한 점은 어떻게 찾으면 될까? 나머지 한 점은 내 마음대로 찾으면 된다. 농담이 아니라 진짜 그렇다. 만약 $y=2x$에 $x=2$를 대입하고 싶으면 그렇게 해서 (2, 4)를 찾으면 되고, $y=2x$에 $x=1$을 대입하고 싶으면 또 그렇게 해서 (1, 2)를 찾아도 된다. 어떤 점이든 원점 말고 하나만 더 찾아서 원점과 연결하면 그래프가 완성된다.

$y=3x$ 그래프 그리기		
1. 두 점 찾기	2. 두 점 찍기	3. 선으로 연결하기
• 무조건 아는 점 (0, 0) • $x=1$을 대입해서 찾은 점 (1, 3)		

8. $y = \dfrac{a}{x}$의 그래프

① 원점에 대칭인 한 쌍의 곡선이다.

② 반비례관계의 그래프이다.

③ x축, y축과 만나지 않는다.

④ $a>0$일 때 제1, 3사분면을 지난다.

⑤ $a<0$일 때 제2, 4사분면을 지난다.

핵심
포인트

$y = \dfrac{a}{x}$의 그래프

함수 $y = \dfrac{a}{x}(a \neq 0)$의 그래프 ➡ 한 쌍의 부드러운 곡선

	$a>0$일때	$a<0$일때
그래프 모양		
지나는 사분면	제1사분면, 제3분면	제2사분면, 제4분면
증가·감소 상태	x의 값이 증가하면 y의 값은 감소한다.	x의 값이 증가하면 y의 값도 증가한다.

$y = \dfrac{4}{x}$와 같은 반비례 함수의 그래프를 그려보자.

먼저 x값이 -4, -2, -1, 1, 2, 4일 때 y값이 각각 어떻게 정해지는지 표로 나타내면 다음과 같다.

x	-4	-2	-1	1	2	4	$\cdots$
y	-1	-2	-4	4	2	1	$\cdots$

위의 표에 나타난 x값과 y값을 한 쌍씩 순서쌍으로 나타내면 $(-4, -1)$, $(-2, -2)$, $(-1, -4)$, $(1, 4)$, $(2, 2)$, $(4, 1)$인데, 이 순서쌍들을 x좌표 y좌표의 순서쌍이라고 생각하고 좌표평면에 나타내면 다음과 같은 6개의 점을 찍을 수 있다.

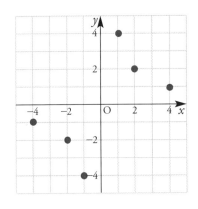 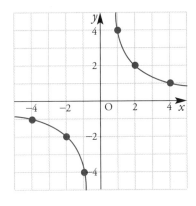

이 6개의 점은 $y = \dfrac{4}{x}$라는 반비례함수에서 x값이 -4, -2, -1, 1, 2, 4로 6개만 주어졌을 때의 그래프가 된다.

그런데 x값에 대한 별다른 언급 없이 함수 $y = \dfrac{4}{x}$의 그래프를 그리라고 한다면 점들을 연결해서 부드럽게 곡선으로 그려주면 된다.

$y = \dfrac{4}{x}$의 그래프는 원점에 대칭인 한 쌍의 곡선으로 제1, 3사분면을 지나는 그래프가 되는데, 이때 분모는 0이 될 수 없으므로 $x=0$인 경우는 없으며 $y=0$도 되지 않으므로 x축과도 y축이 만나지 않도록 그리는 것이 중요하다.

함수와 그래프

$y=f(x)$는 'y는 x의 함수'라는 의미가 있다. 즉, y값은 x값에 따라서 결정되는 관계라는 것이다. 그런데 $y=f(x)$는 y와 $f(x)$가 같다는 등식으로도 해석할 수 있다. 그래서 $y=3x$라는 식은 $f(x)=3x$로 바꾸어 표현할 수도 있고, 문제에서 $f(x)=3x$라는 식을 보게 되면 그것이 $y=3x$라는 함수식이라는 것도 알아챌 수 있는 눈을 키워야 한다. 많은 학생들이 $y=3x$, $f(x)=3x$를 두 개의 다른 식으로 생각하는데 둘은 같은 식이다.

함숫값 문제

함수 $f(x)=2-6x$에 대한 $f\left(\dfrac{1}{3}\right)$의 값은?

① -1 ② 0 ③ 1 ④ 2 ⑤ 3

풀이
정답 : ②

$f\left(\dfrac{1}{3}\right)$이란 $f(x)=2-6x$식에 $x=\dfrac{1}{3}$을 대입하여 얻은 함숫값을 말한다.

따라서 $f\left(\dfrac{1}{3}\right)=2-6\times\dfrac{1}{3}=2-2=0$이다.

각 사분면 위의 점의 x좌표와 y좌표의 부호는 다음과 같다.

사분면	제1사분면	제2사분면	제3사분면	제4사분면
x좌표	+	−	−	+
y좌표	+	+	−	−

이걸 외우는 학생들도 있지만 꼭 외울 필요는 없다. 머릿속에 좌표평면을 잠시 떠올려보면 바로 알 수 있는 것들이기 때문에 굳이 외우는 것보다는 좌표평면이 어떻게 생겼고, 각 사분면의 위치가 어디인지만 알아두면 필요할 때 부호를 따져볼 수 있다.

x축, y축 위에 있는 점(x축, y축에 찍혀있는 점)들은 어느 사분면에도 속하지 않는 경계에 있다는 것을 꼭 알아 두어야 한다. 이는 양수와 음수를 나누는 기준이 되는 '0'이 양수도 음수도 아닌 것과 같은 이치이다.

사분면 문제

점 $P(x, y)$가 제2사분면 위의 점일 때, 점 $Q(-x, -y)$가 있는 사분면은?

① 제1사분면   ② 제2사분면   ③ 제3사분면

④ 제4사분면   ⑤ 알 수 없다

풀이

정답 : ④

2사분면 위의 점은 (−, +)이므로 $x<0$, $y>0$이다.

따라서 $-x>0$, $-y<0$이므로 $Q(-x, -y)$는

(+, −), 즉 제 4사분면 위의 점이 된다.

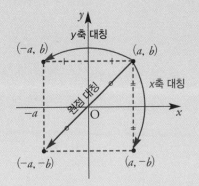

① x축에 대하여 대칭 ➡ y좌표의 부호가 반대

② y축에 대하여 대칭 ➡ x좌표의 부호가 반대

③ 원점에 대하여 대칭 ➡ x좌표, y좌표의 부호가 모두 반대

점의 대칭이동은 좌표평면상에서 직접 점을 이동시키며 바로바로 확인할 수 있는 매우 간단한 원리이다. 그런데 점의 대칭이동을 정확히 알아두면 고등학교 과정에서 함수의 대칭이동을 이해하는 데 매우 도움이 되기 때문에 정확히 알아 두어야 한다.

대칭인 점의 좌표 문제

점 $P(5, -3)$에 대하여 원점에 대칭인 점은?

① $(5, -3)$　　　② $(-5, -3)$　　　③ $(-5, 3)$

④ $(3, -5)$　　　⑤ $(-3, -5)$

풀이

정답 : ❸

$P(5, -3)$를 원점에 대하여 대칭이동 시키면 x좌표의 부호와 y좌표의 부호가 모두 반대로 되므로 $(-5, +3)$이 된다.

$y=ax$의 그래프 문제

함수 $y=ax$의 그래프에서 상수 a의 값은?

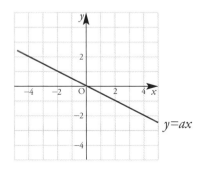

① $-\dfrac{3}{2}$　　　　② -1　　　　③ $-\dfrac{1}{2}$

④ $-\dfrac{1}{3}$　　　　⑤ $-\dfrac{1}{4}$

정답 : ③　　　　　　　　　　　　　　　　　　　　**풀이**

그래프는 함수식에서 얻은 좌표를 가지고 그린 것이므로, 그래프를 보고 점을 잘 찾으면 함수식의 a 값을 찾을 수가 있다.

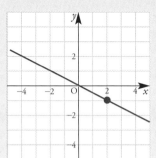

그래프 위에 있는 (그래프에 찍혀있는) 빨간색 점의 좌표는 $(2, -1)$인데 이것은 $x=2$일 때 $y=-1$임을 나타낸다. 이것을 $y=ax$에 대입하면 $-1=a\times2$이므로 $a=-\dfrac{1}{2}$이 된다.

• $y=\dfrac{a}{x}$는 $xy=a$로 변형시킬 수 있다. $xy=a$는 $x\times y=a$라는 뜻이므로 x좌표와 y좌표를 곱해서 a를 구할 수 있다.

$y=\dfrac{a}{x}$의 그래프 문제

함수 $y=\dfrac{a}{x}$의 그래프가 점 $(5, 1)$을 지날 때, 상수 a의 값은?

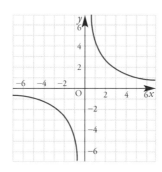

① 5   ② 10   ③ 15

④ 20   ⑤ 25

풀이

정답 : ❶

$y=\dfrac{a}{x}$의 그래프가 점 $(5, 1)$을 지나므로 $x=5$일 때 $y=1$이다.

$y=\dfrac{a}{x}$는 $xy=a$이므로 $5\times1=a$, 따라서 $a=5$이다.

함수의 역사

방정식은 일상의 문제들을 해결하기 위해 고대 이집트의 파피루스에도 그 기록이 남아 있을 정도로 역사가 깊다. 그렇다면 함수는 어떨까?

함수의 그 세련되고 매력적인 식을 보면 아마 태어난 지 얼마 안 된 따끈따끈한 신상품(新商品)이 분명하다고 생각하는 친구들도 있을지 모르겠다. 하지만 함수 역시 고대로부터 그 역사가 시작된다. 물론 그때의 생김새는 방정식과 마찬가지로 지금과는 전혀 딴판이었다.

고대 바빌로니아인들은 시간에 따른 태양의 움직임과 그에 따른 낮 길이의 변화를 기록해 표를 만들었다. 그것을 이용해 규칙성을 발견하고 언제 농사를 짓고 수확해야 하는지, 언제 1년이 시작되고 끝나는지, 언제 하루가 시작되고 끝나는지를 알아냈다.

바빌로니아인들이 만든 표 속에 들어있는 '시간에 따른 태양의 움직임' 이것이 바로 함수의 대응관계이고 함수 역사의 시작이라고 알려져 있다.

하지만 '함수'라는 수학적인 용어가 만들어지고 이론적인 논의가 활발해진 것은 17세기 독일의 수학자인 '라이프니츠(Leibniz, 1646~1716)'에 의해서였다.

그는 미적분학을 누가 먼저 발견했느냐를 두고 뉴턴과 오랜 분쟁을 겪어야 했던 것으로도 유명하다.

라이프니츠는 미적분학의 대가답게 곡선에 매우 관심이 많았다. 그는 함수 역시 방정식으로 표현되는 곡선을 대상으로 이야기했으며, '한 변수가 다른 변수에 의해 결정되는 것이 함수'라고 정의했다.

18세기에 와서 '위상수학의 창시자'인 오일러가 '두 수 사이의 관계를 나타내는 식'이라고 함수를 정의하며 처음으로 $f(x)$라는 표현을 처음 사용했다.

오일러 역시 함수를 직선이나 곡선으로 표현되는 수식(數式)으로서 연구했다.

세월이 흘러 수학자들은 함수의 개념이 좀 더 확장되어야 할 필요성을 느끼게 되었고, 독일의 디리클레(Dirichlet, 1805~1859)가 함수에 대한 오늘날의 정의를 확립하기에 이른다.

디리클레는 식으로 표현되지 않거나 그래프로 나타낼 수 없고 두 변수 간에 어떤 규칙성이 없더라도 두 변수 사이에 특별한 '대응'관계만 만족시키면 함수가 된다고 하였다. 여기서 '특별한' 대응관계란 '모든 x가 오직 하나의 y에 대응되는 것'을 말한다. 대응관계를 중심으로 함수를 정의한 것이다.

뉴턴과 라이프니츠의 불화

수학상식 채워줄게! ❷

1642년 12월 25일은 역사상 가장 위대한 과학자인 뉴턴(1642~1727)이 이 세상에 태어난, 아기 예수 탄생 이후 가장 멋진 크리스마스다. 그가 얼마나 위대한 과학자인지는 당대 최고의 시인인 알렉산더 포프가 뉴턴에게 바친 시만 봐도 충분히 짐작할 수 있다.

"Nature and nature's laws lay hid in night; God said "Let Newton be" and all was light."

"대자연과 그 법칙은 어둠에 잠겨 있었다. 신께서 "뉴턴이 있으라!" 하시니 모든 것이 밝아졌다."

친구인 헨리의 간곡한 청에 의해 이 세상에 나오게 된 뉴턴의 《프린키피아》는 1687년에 발표된 뉴턴의 저서로, 물리학 역사상 가장 유명하고 또 가장 영향력이 큰 책이라는 평가를 받고 있다. 《프린키피아》에는 뉴턴의 운동의 3가지 법칙을 비롯하여 뉴턴 역학의 모든 것이 담겨 있다.

뉴턴은 수리물리학자였기 때문에 과학뿐 아니라 수학에도 큰 업적을 남겼다. 바로 미적분학에 대한 아이디어를 발전시킨 것이다. 하지만 너무나 비슷한 시기에 라이프니츠가 동일한 주제로 연구결과를 발표하는 바람에, 누가 먼저 그 원리를 발견했는지를 두고 오랜 다툼을 벌이게 되었다.

후대에 가서야 뉴턴은 '극한'의 개념을, 라이프니츠는 '곡선의 기울기'를 이용해 각각 독자적으로 미적분학을 발전시킨 것으로 인정받게 되었으나, 당시 불거진 미적분학에 대한 두 대가의 불미스러운 분쟁은 그들의 사후까지 100년 동안이나 계속됐다고 한다.

$f(x)$라는 기호를 처음 만든 스위스의 수학자 오일러(Euler, 1707~ 1783)는, 수학계의 베토벤이라고 할 수 있는 위대한 수학자이다.

베토벤이 청력을 잃고도 9번 교향곡과 같은 불후의 명곡을 남긴 것 같이 오일러 역시 두 눈을 잃은 뒤에도 수학연구를 포기하지 않고, 죽는 날까지 17년이나 연구를 계속했다고 한다.

머릿속에 떠오르는 아이디어와 연구한 내용들을 조수에게 받아 적게 했다고 하니 수학에 대한 그의 열정과 집념에 감탄하지 않을 수 없다. 이런 점들을 보면 역사에 길이 남는 위인들의 업적은 천부적인 재능으로만 주어지는 것이 아니라는 것을 오일러와 같은 수학자들 덕에 깨닫게 된다. (물론 그러한 수학자 곁에 있는 조수의 고충은 만만치 않았으리라 짐작이 된다. 원래 너무 훌륭한 부모님의 자녀로 사는 것이나, 위대한 스승의 제자로 산다는 것은 생각보다 훨씬 고생스러운 일이다.)

오일러는 확률론, 미적분학, 정수론, 기하학, 광학, 천문학, 물리학, 철학 등 다방면에 걸쳐 500여 권의 책과 논문을 발표했다. 너무 열심히 연구하고 집필한 탓인지 그는 20대에 병으로 한쪽 눈을 잃었다. 노년에 와서는 수학자가 풀기에도 너무 어렵다고 알려진 문제에 밤낮없이 3일을 매달린 나머지 다른 눈마저 잃게 된다.

그가 '위상수학'이라는 수학의 멋진 분야의 창시자가 된 것은 우연한 기회에 '쾨니히스 베르크(Königsberg) 다리 문제'를 해결하면서부터이다.

쾨니히스베르크란 도시는 강으로 인해 4개의 구역으로 나뉘어 있었고, 강에는 7개의 다리가 놓여 있었다.

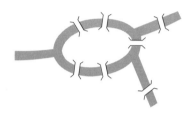

"같은 다리를 오직 한 번씩만 지나서 7개의 다리를 모두 건너는 것이 가능할까?"라는 질문은 것은 당시 주민들 사이에서 널리 퍼진 수수께끼였다. 이런 문제를 요즘은 '한붓그리기'라고 부르는데, 오일러는 우연한 기회에 이 문제에 대해 듣게 되었다.

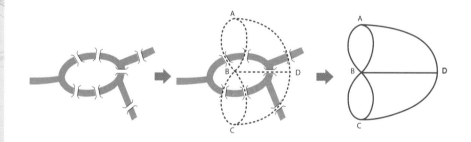

이런 문제를 해결하는 데는 실제 지형이나 다리의 길이 등은 전혀 중요하지 않고, 오직 각 '지점'들과 '그것들의 연결 상태'만이 고려해야 할 중요한 대상이 된다. 오일러는 네 지점을 점으로, 다리를 선으로 표현해서 모든 선을 한 번씩만 지나가는 것이 가능한지를 알아냈다.

해결의 포인트는 각 점에 연결된 '선의 개수'였다(이를 꼭짓점의 차수라고 표현한다). 점에 연결된 선의 개수가 짝수이면 짝수점, 점에 연결된 선의 개수가 홀수이면 홀수점이라고 부른다.

오일러는 홀수점이 없거나 2개 존재하는 경우에만 한붓그리기가 가능하다는 것을 증명하였다. 홀수점이 없는 경우는 어느 점에서 시작해도 한붓그리기가 가능하며, 홀수점이 2개인 경우는 둘 중 어느 하나의 홀수점에서 시작해서 다른 홀수점에서 끝나야만 한붓그리기가 가능하다.

한붓그리기 문제

   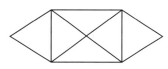

위상수학과 페렐만

　원래 기하학의 한 분야로 연구되던 위상수학 〈Topology〉은 Topos(위치)와 Logos(학문)가 결합되어 만들어진 이름이다.

　'위치에 대한 학문이라는 뜻'의 위상수학은 수학의 여러 분야 중 가장 최근에 시작되었고, 기하학과 마찬가지로 도형을 주 연구대상으로 한다.

　하지만 둘 간에는 큰 차이점이 있다. 기하학은 도형의 길이, 넓이, 각도 등 그 '크기'가 주된 관심사인데, 위상수학은 도형을 이루고 있는 점, 선, 면의 개수와 이들의 '연결상태'가 주 관심사이다. 위상수학에서는 어떤 물체를 변형시키더라도(구부리거나, 늘이거나, 줄여도) 변하지 않는 '동형(同形)'인 도형들의 '공통된 성질'을 주로 연구한다.

위상수학에서는 구와 직육면체, 도넛과 컵은 같은 모양(동형(同形)이다.

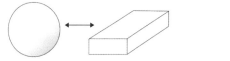 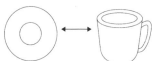

컵도 도넛이 될 수 있을까?

위상수학은 19세기에 들어와서야 생긴 수학계의 막내임에도 불구하고 처음엔 물리학에서 활용되기 시작하더니, 어느새 양자론과 생물학, 기상 예측, 빅 데이터 분석 등 다양한 분야에 두루 활용되는 수학계의 새로운 강자로 자리매김하였다. 게다가 앞으로의 활용 범위는 더 확대될 것으로 예상되는 기대주이기도 하다.

하지만 보통 사람들에게는 위상수학이라는 단어 자체가 아직까지 낯설고 어려운 것이 사실이다.

2006년, 위상수학이라는 생소한 분야에 사람들의 이목을 집중시킨 큰 사건이 있었다. 수학계의 노벨상이라 불리는 '필즈상'을 거부한 페렐만이라는 수학자가 그 주인공이다. 러시아의 수학자인 페렐만은 어린 시절 국제수학올림피아드(IMO)에 나가 만점을 받을 만큼 놀라운 수학 실력을 갖고 있었다.

그는 아무도 풀지 못한 수학 문제를 풀 것이라는 꿈을 꾸었다고 한다. 결국, 그는 수학계의 유명한 난제 중 하나인 '푸앵카레의 추측'을 100년 만에 증명해 내기에 이른다. 2006년, 이 놀라운 증명으로 페렐만은 필즈상의 주인공이 되었다. 하지만 그는 '필즈상'과 '백만 달러의 상금', 유명 대학의 교수 자리도 거부하고 러시아의 작은 집으로 돌아가서 지금도 연구에만 몰두해 있다고 한다.

위상수학의 실생활 활용

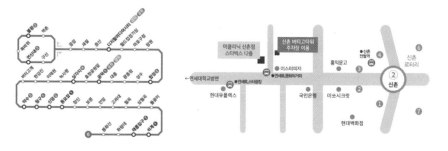

푸앵카레 추측과 페렐만에 대한 EBS '지식채널e'의 '수학자 1부 – 푸앵카레의 추측', '수학자 2부 – 페렐만의 증명'을 여러분에게 꼭 소개하고 싶다. 위상수학을 연구한 이 두 수학자가 안겨주는 감동이 그 어떤 멋진 영화나 소설보다 더 크다. 두 영상을 보고 가슴 뭉클해지며 위상수학에 대한 큰 꿈을 품게 되는 친구들이 있다면, 언젠가는 이 두 수학자보다 더 멋진 수학자가 되어주길 바란다.

데카르트와 좌표계

르네 데카르트
(René Descartes, 1596~1650)

"나는 생각한다, 고로 존재한다."

좌표평면을 탄생시킨 프랑스 수학자.
그는 데카르트 좌표계(직교 좌표계)를 만들었고 방정식의
미지수에 최초로 x를 사용했다.
그뿐 아니라 거듭제곱을 표현하기 위한 지수를 발명했다.
데카르트가 좌표의 개념을 도입해 직선 위에 양수와 음
수, 0을 표현할 수 있게 된 이후부터 기하(도형)와 대수
(식)가 통일되는 해석기하학이 시작되었다.

데카르트가 처음으로 도입한 '좌표'라는 개념이 탄생하게 된 일화는 매우 재미있다.

어릴 적부터 병약했던 데카르트는 전쟁에 참여하였을 당시에도 몸이 약해 군대 막사의
침대에 누워 있곤 했다.

마침 천장에 붙어있는 파리를 보고 파리의 위치를 쉽게 표현할 수 있는 방법을 고민하
다가 천막의 가로세로 줄무늬를 보고 이에 아이디어를 얻었고, 가로축과 세로축을 이용
한 '좌표'라는 개념이 탄생되었다.

데카르트 좌표계에는 수직선 두 개가 서로 직각으로 만나서 만들어진 좌표평면이라는
것이 등장하는데, 이 좌표계는 수학 역사상 둘째가라면 서러울 엄청난 발명품이다.

데카르트의 좌표계 이전에는 대수학(문자를 이용한 수학식들 - 방정식, 함수 등)과 기하학
(도형)은 서로 전혀 다른 별 이야기처럼 멀리 떨어진 느낌이었다. 하지만 데카르트의 좌표

계가 등장함으로써 도형을 식으로 나타내는 것이 가능해졌다. 반대로 식을 도형으로 표현하는 것도 가능해졌다. 이것을 유식한 사람들은 '대수학과 기하학이 연결된 해석기하학'이라고 한다.

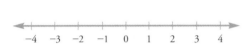

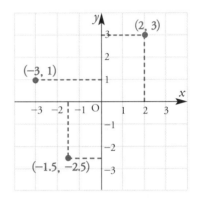

수직선 (1차원)   좌표평면 (2차원)

멍때리는 시간의 힘

오늘도 '멍' 때리는 당신, 잘하고 있다!

매일경제 2016. 04. 08

할 일은 눈앞에 쌓여있는데 어느새 초점은 다른 곳을 향해 있다. 턱을 괴고 눈꺼풀에 살짝 힘을 빼니 금세 머릿속에 편안함이 찾아오면서 새로운 상상이 떠오른다. 바쁠수록 집중해야 할수록 '멍 때리는 것'은 왜 이렇게 재밌는 걸까.

하지만 너무 걱정할 필요 없다. 자주, 심하게 멍을 때린다면 문제가 되지만 종종 멍 때리는 것은 오히려 창의력에 도움을 준다는 연구가 있다.

미국의 신경과학자 마커스 라이클(Marcus Raichle)은 우리가 멍 때리며 아무것도 하지 않을 때, 뇌가 바쁘다는 사실을 발견했다.

라이클 교수 연구팀은 기능적 자기공명영상(MRI)과 양전자단층촬영(PET) 기법을 이용해 뇌의 활동사진을 촬영했다.

그는 인간이 아무것도 안 할 때, 뇌가 에너지를 쓰는 것을 봤고 심지어 쉴 때 유난히 활발해지는 뇌 영역, 디폴트 모드 네트워크(Default Mode Network, DMN)를 발견했다. 이 연구를 기반으로 책《딴생각의 힘》을 쓴 저자 마이클 코벌리스는 '우리가 멍 때려야 하는 이유'를 책을 통해 설명했다.

기억을 저장하고 관리한다

장보기 목록, 오늘 할 일, 이번 달 지출 등은 우리의 '기억'과 모두 연관이 있다.

당신은 멍 때리는 활동을 통해 기억의 저장과 재생산에 활기를 불어넣을 수 있다. 멍 때릴 때 활성화되는 뇌의 '디폴트 모드 네트워크' 영역은 '해마'와 함께 활발한 작용을 한다.

우리 귀의 뒤쪽에 위치한 해마는 우리 뇌에서 기억을 담당하고 있는 중요한 기관으로, 단기 기억과 장기 기억에 관여하며 이를 저장하고 삭제한다. 즉 당신이 하던 일을 멈추고 멍을 때릴 때, 기억을 지휘하는 해마가 활발해지며 뒤엉키고 복잡해진 머릿속 정보들을 정리할 수 있다.

창의력을 키울 수 있다

우리는 복잡한 생각을 멈춘 상태에서 뜻하지 않게 뛰어난 창의력을 발휘할 수 있다. 스티브 잡스는 "창의성은 그냥 사물을 연결하는 능력입니다. 한참 들여다보니 이거다 싶은 확신이 들었던 겁니다."라고 말한 바 있다.

이는 우리 뇌 안에서 떨어져 있던 연결고리들이 이어지며 새로운 창의성이 생기는 것이 얼마나 중요한지 강조하는 말이다.

당신이 멍 때리는 동안 디폴트 모드 네트워크가 일을 하기 시작하면 그동안 끊겨 있던 뇌의 부위들이 연결된다. 그러므로 우리는 종종 멍을 때리거나 다른 공상에 빠져들면서 뇌의 단편들이 정보를 서로 연결할 시간을 주어야 한다. 그래야 당신도 별생각 없이 멍을 때리다가 "아! 맞다"라고 말하며 새로운 아이디어를 내놓을 수 있다.

자아를 형성한다

멍을 때리는 동안엔 내 옆의 친구도 모니터 속 글자도 사람도 보이지 않아 오로지 '나'에 집중할 수 있다. 당신이 멍 때리는 동안엔 자아 형성에 영향을 미치는 '전전두엽' 부위가 함께 일을 시작한다.

아수대학교 심리학과 교수는 이 선선누엽(prefrontal cortex)이 심리학에서 성신 삭용을 담당하고 있다고 말한다. 대뇌 피질 중 전두엽의 앞부분인 전전두엽은 자기 일을 계획하고 평가하며, 합리적인 의사 결정을 할 수 있도록 돕는다. 즉, 사람의 '자아 형성'

과 관련된 전전두엽은 당신이 멍을 때리는 동안 활성화된다. 또, 멍 때리는 동안 뇌에선 '두정엽(parietal lobe)'이라는 곳이 함께 움직이기 시작한다.

이 기관은 일차적으로는 체감각 기능, 감각 통합과 공간 인식 등에 관여하며 단어를 조합해 새로운 의미나 생각을 만드는 곳이므로 이 부위가 손상되면 '무인식증(Agnosia, 알지 못하는 상태)'이 생긴다.

상상력을 제공한다

'다리가 잘린 인공지능 로봇이 한 여자를 쫓고 있다.'

공상 과학을 대표하는 영화 '터미네이터'는 감독 제임스 캐머런의 이런 엉뚱한 생각으로부터 시작했다. 이처럼 멍 때림과 엉뚱한 생각들은 상상 속의 세계를 현실로 만들어주는 기폭제 역할을 한다. 저자 마이클 코벌리스는 "우리는 이야기를 들려줌으로써 다른 사람을 우리의 정신적 방랑에 초대한다."라고 상상력에 대해 언급했다. 당신이 글을 보는 이 순간에도 당신의 뇌는 열심히 기억 조각들을 전달하고 조립하며 새로운 무언가를 만들어낼 준비를 하고 있다. 우리가 지금보다 더 적극적으로 멍을 때려야 하는 이유가 바로 여기에 있다.

데카르트는 수학, 물리학, 의학, 철학 등에서 다양한 학문에서 큰 업적을 남겼다. 한 사람이 태어나 우리와 똑같이 단 한 번의 생을 사는데, 이렇게 많은 분야에서 큰 업적을 남겼다는 사실을 생각하면 '감탄'이나 '존경' 같은 단어로는 다 담지 못할 경이로운 감정이 생겨난다.

천부적인 재능을 타고나 그런 것이 아니겠냐고 생각하는 사람들도 많을 것이다. 물론, 그건 너무도 당연한 사실일 것이다. 하지만 그것이 전부는 아니다.

그가 오전 내내 '침대에 누워 아무 일 없이 보낸 시간'들, 그 시간이 없었다면 그가 이룩한 업적의 절반가량은 어쩌면 이 세상에 존재하지 않았을지도 모를 일이다. 병약한 몸 때문에 어쩔 수 없이 누워 지낸, 버려지는 줄로만 알았던 그 시간들이 사실은 데카르트의 머릿속에 있는 여러 분야의 지식들을 서로 연결하고, 훨씬 더 깊이 있는 통찰에 이르도록 이끌어주며 새로운 아이디어를 만들고 실현할 수 있게 만들어 준 것이다.

요즘은 이렇게 '아무것도 하지 않는 것 같은 시간', 또는 공상에 빠진 것 같은 '멍 때리는 시간'이 가진 힘에 대한 연구가 뇌과학자들에 의해 활발히 이루어지고 있다. 그런 시간이 가져다주는 이점에 대해 이야기해주는 책들도 나오고 있다. 예전에는 '시간 낭비'라 여겨졌던 것들이 결코 그렇지 않다는 것이 점점 밝혀지고 있는 것이다.

학생들에게도 이런 시간은 꼭 필요하다. 아침 일찍 일어나 등교하고, 하교하면 다시 학원으로, 귀가 후엔 또 과제… 이렇게 정신없이 바쁘기만 해서는 우리 뇌가 낮 동안 들어온 정보를 연결시키고 확장시키는 작업을 할 여력이 있을 리 없다. 학생들이 갖고 태어난 능력을 제대로 발휘하기 위해서, 또 어렵게 공부한 것들을 필요할 때 잘 활용하기 위해서라도 데카르트처럼 '공상에 빠질 수 있는 휴식시간'이 꼭 필요하다는 공감대가 형성되길 희망한다.

|부록|

앗, 실수!

❶ 1은 소수일까 합성수일까? 만약 이 질문에 고민하는 학생들이 있다면, 지금 이 순간부터는 절대 고민하면 안 된다. 뇌 주름 깊은 곳에 지금 당장 쑤~욱 넣어 두어야 한다. 이번에 제대로 기억하지 못하면 고3이 되어도 이 고민을 계속하게 된다. 괜한 협박이 아니다. '살아있는 증거'가 되어줄 고2, 3 선배들이 열 트럭은 준비되어있다!!

바로 어제도 고3 학생에게 "쌤, 1이 소수였나요?"란 질문을 받았다.

1은 소수도 아니고 합성수도 아니다. 소수는 약수가 2개, 합성수는 약수가 3개 이상인 수를 말하는데, 1은 약수가 하나이기 때문이다.

참 안타까운 것은, 이렇게 강조해도 중간고사 시험지를 받아들면 갑자기 머릿속이 하얗게 변하면서 '가장 작은 소수는 1이다'를 맞는 답으로 체크하는 학생들이 수도 없이 많다는 사실이다! 1은 소수도 아니고 합성수도 아니다!

❷ 2^3=6이라고 착각하거나, 3^2=6라고 착각하는 것은 중1들의 유행병이다!

이 유행병을 앓았던 선배들의 이야기에 따르면, 이걸 한번 착각하기 시작하면 '아이쿠, 이게 아니지!' 하고 아무리 고치려 해도 문제 풀 때 자기도 모르게 또 저렇게 계산을 하게 된다고 하니 처음부터 제대로 알아 두어야 한다.

2^3=2×2×2이므로 2^3=8이다, 3^2=3×3이므로 3^2=9이다.

절대 오락가락 변덕 부려선 안 된다!

❸ '다음 중 소인수 분해를 바르게 한 것은?'과 같은 문제는 중1-1 중간고사에 무조건 출제되는 매우 중요한 문제이다. 그런데 그런 문제를 가만히 보면 $36=2^2 \times 9$과 같은 보기가 꼭 끼어있다. 이 보기는 과연 맞는 것일까?

틀린 보기이다. 하지만 많은 학생들이 이 보기를 '맞다'고 생각한다. 전혀 의심도 하지 않는다. 그리고는 답이 두 개나 있다며 그중 뭘 고를까 고민하는 학생도 있다. 학생들이 실수하는 이유가 무엇일까?

$2^2 \times 9$를 계산해보면 36이 맞기 때문에 $36=2^2 \times 9$라는 보기에 틀린 점이 없다고 판단하는 것이다. 문제에서 요구하는 것이 '소인수분해'였다는 걸 잠시 잊은 것이다. 소인수분해란 소수만의 곱으로 나타내야 하기 때문에 9라는 합성수가 곱해진 것은 '소인수분해'가 아니다.

올바른 '소인수분해'는 $36=2^2 \times 3^2$이다.

해마다 많은 학생들이 시험 볼 때 저런 실수들을 했다.

물론 사람은 실수를 할 수도 있다. 하지만 여러분은 선배들의 경험담을 통해 실수하지 않을 기회를 얻게 되었다.

선배들의 원통한 실수를 똑같이 되풀이하지 않았으면 하는 마음으로 여러분에게 공개하는 것이니 모두들 뼈에 꼭 새겨 절대 실수하지 않길 바란다.

이건 항상 헷갈려요!

❶ '절댓값이 같은 수는 항상 2개가 존재한다.'는 맞는 말일까?

절댓값이 3인 수는 +3, −3, 절댓값이 6인 수는 +6, −6, 절댓값이 1000인 수는 +1000, −1000…. 여기까지 찾아보니 맞는 말 같다. 하지만 이 말은 틀렸다. 절댓값이 0인 수는 '0' 하나밖에 없기 때문이다. 0을 제외하고는 대부분의 경우에 2개씩 존재하는 게 맞는데, 그냥 맞다고 하면 안 되냐고 생각하는 학생들이 있을 지도 모르겠다. 사람이 뭘 그리 정(情)없이 빡빡하게 구느냐고 생각할 수도 있다. 하지만 수학에서 그렇게 생각하는 건 절대로 저질러서는 안 되는 '대역죄'에 해당된다. 계산 틀리는 정도의 작은 문제가 아니다.

학년이 올라가고 점점 더 어려운 수학을 공부하게 되면 알게 되겠지만, 수학에서는 '예외 없이' 모든 경우에 다 그렇다고 말할 수 있는 경우가 아니면 함부로 'A는 이렇다'거나, 'B는 아니다'와 같은 말을 할 수가 없다. 따라서 '절댓값이 같은 수는 항상 2개가 존재한다.'라는 것은, '0'이라는 예외가 존재하는 틀린 말이 되는 것이다. 저기에 '항상'이라는 말이 없어도 마찬가지이다.

❷ '2는 정수'와 '2는 유리수' 중 맞는 것은 어느 것일까? 둘 다 맞다. 2는 양의 정수이므로 정수인 것은 일단 분명하다.

또, 2는 $2 = \dfrac{4}{2} = \dfrac{6}{3} = \dfrac{8}{4} \cdots$처럼 분수로 나타낼 수 있다. 그럼 유리수인 것도 맞다. 유리수의 정의가 바로 '분수꼴로 나타낼 수 있는 수'이기 때문이다.

유리수 하면 분수가 떠올라서, 꼭 분수만 유리수라고 생각하는 학생들이 많지만, 현재 모양이 분수가 아니더라도 분수 모양으로 바꿀 수 있으면 그 수는 유리수이다. 그러므로 2는 정수이면서 동시에 유리수이다.

❸ $(-2)^2$과 -2^2은 다르다.

$(-2)^2$은 (-2)가 두 번 곱해진 것이다. $(-2) \times (-2)$처럼 말이다. 음수가 두 개 곱해져 있기 때문에 답은 당연히 $+4$이다.

반면에 -2^2는 2^2앞에 (-1)이 곱해져 있는 것으로 생각하면 된다. $-2^2 = (-1) \times 2^2$처럼 말이다. 때문에 $-2^2 = (-1) \times 2^2 = (-1) \times 4 = -4$가 된다.

$(-3)^2 = 9$, $-3^2 = -9$인 것도 같은 원리이다. $(-3)^2 = 9$같이 괄호가 '–'까지 감싸고 있으면 마이너스도 제곱 되어서 플러스가 되고, $-3^2 = -9$처럼 괄호가 없으면 3만 제곱하라는 것이기 때문에 마이너스는 그대로 있는 거라고 생각해도 된다.

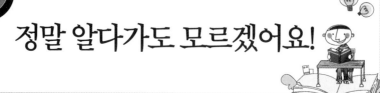

정말 알다가도 모르겠어요!

Q 도대체 $\frac{1}{x}$ 은 왜 일차식이 아닌가요?

A x가 있는데, x^2처럼 지수에 다른 수가 있는 것도 아니니까 당연히 1차식이 아닐까 하고 생각하는 학생들이 많다. 이 부분에 대해 수학적으로 자세히 설명하자면 중2와 고1에 배우는 지수에 대한 지식이 더 필요하다.

중2에 지수법칙 단원에 가면 x나 $\frac{1}{x}$이 답으로 나오는 다음과 같은 경우를 보게 될 것이다.

$$x^3 \div x^2 = \frac{\cancel{x} \times \cancel{x} \times x}{\cancel{x} \times \cancel{x}} = x, \quad x^2 \div x^3 = \frac{\cancel{x} \times \cancel{x}}{\cancel{x} \times \cancel{x} \times x} = \frac{1}{x}$$

그리고 고2가 되면 $\frac{1}{x} = x^{-1}$이라는 것을 배우게 되는데, 지수 자리가 1이 아니라 '-1'이니까 절대로 1차가 아니란 것을 알 수 있다.

Q $3x-2=3x+5$는 왜 일차방정식이 아닌가요?

A 보통 많은 학생들이 미지수인 x가 있고 그 차수가 일차이면 일차방정식이라고 판단한다. 언뜻 보기에 위의 식은 x^2과 같은 이차항도 없고 $3x$라는 일차항이 바로 보이기 때문에 일차방정식이 맞다고 생각하기 쉽다. 하지만 일차방정식의 정확한 정의를 살펴보면 위의 식이 왜 일차방정식이 아닌지 알 수 있다.

'일차방정식 : 방정식 중 모든 항을 좌변으로 이항해 정리했을 때, $ax+b=0(a \neq 0)$ 형태인 방정식'

그럼 문제의 식이 일차방정식의 정의에 맞는지 알아보기 위해 모든 항을 좌변으로 옮겨 정리해보자.

$$3x-2=3x+5$$
$$3x-2-3x-5=0$$
$$0x-7=0$$

일차방정식이 되려면 $ax+b=0(a \neq 0)$의 형태여야 한다.

여기서 중요한 것은 $a \neq 0$이라는 것이다. 쉽게 말하면 x의 계수가 0이 아니어야 한다는 것이다. x의 계수가 0이면 미지수인 x가 사라져서 방정식이 될 수 없다. 이 식은 x의 계수가 0이 되므로 일차방정식이 아니다.

Q '$\frac{2x-5}{3}+\frac{x+4}{4}$ 를 간단히 하시오'란 문제는 왜 분모를 없애지 못하고 통분을 해서 풀어야만 하나요?

A $\frac{2x-5}{3}+\frac{x+4}{4}$ 를 간단히 하라는 문제는 동류항 정리를 하라는 문제이다. x는 x끼리, 상수항은 상수항끼리 묶어서 동류항 정리를 하라는 것이다.

그런데 이 과정에서 두 분수에 12를 곱해서 분모를 없앨 수는 없는지, 꼭 통분을 해야만 하는지 묻는 학생들이 많다.

어떤 학생들은 서술형 문제에서 통분을 하지 않고 분모를 없애서 문제를 푸는 바람에 10점이나 감점을 받기도 했다.

학생들이 이런 착각을 하는 이유는 방정식 때문이다. 방정식을 풀 때 양변에 같은 수를 곱해서 분수나 소수를 간단한 정수로 바꿔서 풀면 어려워 보이던 방정식이 아주 쉽게 풀리는 경험을 하게 되자 방정식이 아닌 것에도 그런 방법이 적용될 거라고 막연한 기대를 갖게 된 것이다.

하지만 그런 방법은 등식에만 사용할 수 있다. 등식의 성질을 이용한 방법이기 때문이다.

만약 위의 식이 $\frac{2x-5}{3}+\frac{x+4}{4}=0$처럼 주어졌다면 이 식은 등식이기 때문에 양변에 같은 수를 곱해서 분모를 없애줄 수가 있다. $\frac{2x-5}{3}+\frac{x+4}{4}$ 은 등식이 아니다. 그러니 반드시 통분을 해서 풀어야만 한다.

1. 다항식 풀이

$\dfrac{2x-5}{3}+\dfrac{x+4}{4}$ 를 간단히 하시오.

$$\dfrac{2x-5}{3}+\dfrac{x+4}{4}$$

$$=\dfrac{4(2x-5)}{4\times3}+\dfrac{3(x+4)}{3\times4}$$

$$=\dfrac{8x-20+3x+12}{12}$$

$$=\dfrac{11x-8}{12}$$

2. 방정식 풀이

$\dfrac{2x-5}{3}+\dfrac{x+4}{4}=0$을 푸시오.

$\dfrac{2x-5}{3}+\dfrac{x+4}{4}=0$의 양변에 12를 곱한다.

$$12\times\dfrac{2x-5}{3}+12\times\dfrac{x+4}{4}=12\times0$$

$$4(2x-5)+3(x+4)=0$$

$$8x-20+3x+12=0$$

$$11x-8=0$$

$$11x=8$$

$$x=\dfrac{8}{11}$$

시험문제 체험하기

'시험문제 체험하기'는 중학교 1학년 1학기 중간고사, 기말고사에 빠지지 않고 출제 돼 온 70개의 문제들로 이루어져 있다. 각 단원에서 배우고 익혀야하는 기본적인 문제들은 거의 다 실려 있으나 우리 책에서 다루지 않는 몇몇 세부 유형이나 심화문제는 빠진 것도 있을 것이다. 또 방정식이나 함수의 '활용 단원' 문제도 빠져 있으니 그 부분은 교과서와 문제집을 통해 따로 연습이 필요하다.

시험문제 체험하기 코너를 통해 수학공부 방법에 대해 몇 가지 말해두고 싶은 것이 있는데, 이걸 가슴에 새기는 학생들은 아마 앞으로 수학을 공부하는데 큰 도움이 될 것이다.

1. 수학공부를 할 때 문제집을 풀면서 개념을 확인하고 유형을 익히는 것이 중요하긴 하지만 그렇다고 해서 무조건 문제집을 많이 푸는 것이 좋은 것은 아니다. 쉬운 문제라도 정확히 이해하고, 틀린 문제는 꼭 다시 풀어봐야 한다. 너무 당연해 보이는 말이지만 실천하기 힘든, 정말 중요한 일이다. 틀린 문제를 정확히 해결하지 않은 상태에서 다른 문제집을 서너

권 씩 푼다고 시험을 잘 본다거나 수학실력이 좋아진다고 생각하는 것은 정말 큰 착각이다. 절대로 그런 일은 일어나지 않는다. 당장은 효과가 있는 것처럼 보일지 몰라도 점점 수학과 멀어지게 될 것이다.

2. 문제집을 풀 때, A문제집, B문제집, C문제집… 이렇게 여러 권 푸는 것 보다 같은 문제집을 여러 번 반복해서 풀어보는 것도 좋다. 한번 푼 문제집을 다시 푸는 게 쓸데없는 일이라고 생각하는 학생들도 있겠지만 실제로 풀어보면 전혀 그렇지 않다. 두 번째 푸는데도 틀리는 문제가 많다는 사실에 깜짝 놀랄 것이다. 대부분의 학생들이 그렇다. 그것도 첫 번째 풀 때 틀렸던 문제를 똑같이 틀린다. 첫 번째 푼 것과 두 번째 푼 것을 비교해보면 내가 어떤 문제에서 실수를 하는지, 어떤 개념을 잘 모르고 있는지 등을 더 명확하게 알 수 있게 된다. 꼭 한번 해보기 바란다.

3. 문제를 틀렸을 때 그 원인이 무엇인지 정확하게 짚어봐야만 한다. 개념을 정확하게 이해하지 못해서 틀리는 경우에는 문제를 다시 풀어보고 대강 맞춘다고 해결될 일이 아니다. 개념을 다시 정확히 이해해야만 한다. 학년이 올라갈수록 개념의 중요성은 더 커진다. 어려운 문제일수록 개념을 정확히 알고 있는지를 묻는 경우가 많다. 개념을 대충 알아도 문제를 잘 풀 수 있을 거라는 생각을 버려야한다. 개념이 '주(主)'고 문제는 개념을 확인하기 위해 따라오는 거라고 생각해야한다.

4. 학교 시험을 준비할 때는 문제집보다 교과서를 보는 것이 우선이다.

우리 학교 교과서에 나오는 내용도 다 모르면서 다른 것에 욕심을 내는 것은 어리석은 일이다. 학교 시험은 우선적으로 우리 학교 교과서에 나오는 내용에서 출제된다. 중학교 시험은 특히 더 그렇다. 그러니 학교 시험을 준비할 때는 교과서를 충분히 보고, 그 내용을 다 숙지한 후에 문제집을 통해 실력을 더 쌓으려고 해야 한다. 너무 뻔한 내용이라고 흘려듣는 학생들이 있을까봐 다시 한 번 강조한다. 이제까지 내가 학생들 시험대비를 시켜본 결과 교과서를 제대로 공부한 학생들이 문제집을 더 푼 학생들보다 성적이 항상 더 좋았다.

ch.1 소수 걱정 마!

1. 거듭제곱을 사용하여 간단히 나타낼 때, 바르지 <u>않은</u> 것은?

   ① $3 \times 3 \times 3 \times 3 = 3^4$

   ② $2 \times 3 \times 5 \times 5 = 2 \times 3 \times 5^3$

   ③ $2 \times 7 \times 2 \times 7 = 3^4 \times 7^2$

   ④ $5 \times 7 \times 7 = 5 \times 7^2$

   ⑤ $13 \times 13 \times 2 \times 2 \times 2 \times 2 = 2^4 \times 13^2$

[정답] ②

[해설] ② $2 \times 3 \times 5^2$

2. $2 \times 2 \times 2 \times 2 \times 3 \times 3 \times 3 = 2^a \times 3^b$일 때, 두 자연수 a, b에 대하여 $a-b$의 값은?

   ① 2   ② 1   ③ 0

   ④ -1 ⑤ -2

[정답] ②

[해설] $2 \times 2 \times 2 \times 2 \times 3 \times 3 \times 3 = 2^4 \times 3^3$이므로

      $a=4$, $b=3$에서 $a-b=1$

3. 자연수 $3^2 \times 5^3 \times 7$의 약수가 <u>아닌</u> 것은?

① 3^2　　　　　② 3×5　　　　　③ 7^2

④ $5^3 \times 7$　　　　⑤ $3^2 \times 5^3 \times 7$

[정답] ③

[해설] $3^2 \times 5^3 \times 7$를 나눌 수 있는 수가 약수다.

보기 중 약수가 아닌 것은 ③ 7^2이다.

4. 다음 중에서 소인수분해를 바르게 한 것은?

① $12 = 3^4$　　　② $45 = 3^3 \times 5$　　　③ $24 = 2^2 \times 6$

④ $54 = 2 \times 3^3$　　⑤ $63 = 7 \times 3^3$

[정답] ④

[해설]　①　$12 = 2^2 \times 3$　　　　②　$45 = 3^2 \times 5$

③　$24 = 2^3 \times 3$　　　　⑤　$63 = 3^2 \times 7$

5. 다음 8개의 자연수 중 소수의 개수를 a, 합성수의 개수를 b라 할 때, $a+b$의 값은?

| 11 | 6 | 1 | 10 | 3 | 14 | 19 |

① 4   ② 5   ③ 6

④ 7   ⑤ 8

[정답] ④

[해설] 소수 : 3, 11, 19에서 $a=3$

　　　 합성수 : 6, 10, 14에서 $b=3$

　　　 ∴ $a+b=3+3=6$

6. 다음 중 옳은 것은?

① 소수의 약수는 2개이다.

② 한 자리의 소수는 5개이다.

③ 가장 작은 소수는 1이다.

④ 자연수의 약수의 개수는 2개 이상이다.

⑤ 합성수는 3개 이상의 소수의 곱으로 나타낼 수 있다.

[정답] ①

[해설] ② 2, 3, 5, 7로 4개다.

　　　 ③ 가장 작은 소수는 2이다.

　　　 ④ 1의 약수는 1개, 소수의 약수는 2개, 합성수의 약수는 3개 이상이다.

　　　 ⑤ 합성수는 약수의 개수가 3개 이상이지만 반드시 개 이상의 소수의 곱으로 나타나진 않는다.　　　(예) $4=2^2$

7. 3과 서로소가 <u>아닌</u> 것은?

① 9   ② 4   ③ 8

④ 14   ⑤ 17

[정답] ①

[해설] ① $9=3^2$으로 소인수 3을 갖고 있기 때문에 3과 서로소가 아니다.

8. 두 자연수 a와 b의 최대공약수가 15일 때, a와 b의 공약수가 <u>아닌</u> 것은?

① 1   ② 3   ③ 5

④ 7   ⑤ 15

[정답] ④

[해설] 두 자연수 a, b의 공약수는 최대공약수 15의 약수이다.

따라서 공약수는 1, 2, 3, 5, 15이다.

9. 다음 두 수의 공약수에 해당하지 <u>않는</u> 것은?

$$2 \times 3^3 \times 5, \ 3^2 \times 5 \times 7^2$$

① 1 ② 3 ③ 5

④ 3^3 ⑤ $3^2 \times 5$

[정답] ④

[해설] 두 수의 최대공약수가 $3^2 \times 5$이므로

두 수의 공약수는 $3^2 \times 5$의 약수이다.

따라서 보기 중에서 $3^2 \times 5$의 약수가 아닌 것은 ④ 3^3이다.

10. 옳지 <u>않은</u> 것을 모두 고르면?

① 2는 짝수 중 유일한 소수이다.

② 서로 다른 두 소수는 서로소이다.

③ 서로 다른 두 홀수는 서로소이다.

④ 서로 다른 두 짝수는 서로소이다.

⑤ 최대공약수가 1인 두 자연수는 서로소이다.

[정답] ③, ④

[해설] ③ 서로 다른 두 홀수인 15, 21의 최대공약수를 구해보면 3이므로 서로소가 아니다.

④ 서로 다른 두 짝수는 모두 2라는 공약수를 가지므로 서로소가 아니다.

11. 1부터 10까지 자연수 중 6과 서로소인 수를 모두 구하여라.

[정답] 1, 5, 7

[해설] 6=2×3이므로 6과 서로소인 수는

소인수 2, 3을 갖지 않는다.

12. 두 분수 $\dfrac{12}{n}$, $\dfrac{18}{n}$을 모두 자연수가 되도록 하는 자연수 n의 값 중에서

가장 큰 수를 구하시오.

[정답] 6

[해설] 두 분수를 자연수로 만들기 위해서 n은 12와 18의 공약수이면서

가장 큰 수가 되어야 하므로 두 수의 최대공약수여야 한다.

$12=2^2×3$, $18=2×3^2$이므로 최대공약수는 $2×3=6$이다.

13. 두 수 $2 \times 3^2 \times 5$, $2^2 \times 3 \times 5^2$의 최대공약수와 최소공배수는?

    [정답] 최대공약수는 $2 \times 3 \times 5$, 최소공배수는 $2^2 \times 3^2 \times 5^2$

14. 18과 24의 공배수는 □의 배수와 같다. □ 안에 알맞은 수는?

  ① 1   ② 2   ③ 6

  ④ 36   ⑤ 72

[정답] ⑤

[해설] 두 수의 공배수는 최소공배수의 배수와 같다. 따라서 □안에는
18과 24의 최소공배수가 들어가면 된다. $18 = 2 \times 3^2$, $24 = 2^3 \times 3$의
최소공배수는 $2^3 \times 3^2 = 72$
두 수의 공배수는 최소공배수 72의 배수와 같다.

15. 두 수의 최소공배수가 3×5^2일 때, 이 두 수의 공배수가 아닌 것은?

① 3×5^2　　　　② $3^2 \times 5^2$　　　　③ $3^3 \times 5$

④ $3 \times 5^2 \times 7$　　　⑤ $2 \times 3^2 \times 5^3$

[정답] ③

[해설] 두 수의 공배수는 최소공배수인 3×5^2의 배수가 되어야 한다.

③ $3^3 \times 5$는 곱해진 5의 개수가 부족하기 때문에 3×5^2의 배수가

아니다.

16. 두 분수 $\dfrac{1}{8}$, $\dfrac{1}{12}$의 어느 것에 곱해도 그 계산 결과가 자연수가 되는 수 중

가장 작은 수를 구하여라.

① 4　　　　　　② 8　　　　　　③ 12

④ 24　　　　　⑤ 72

[정답] ④

[해설] 계산결과가 모두 자연수가 되려면 곱해지는 자연수는 8, 12의

공배수여야 한다. 그중 가장 작은 수여야 하므로 8, 12의 최소

공배수를 구하면 되는데 $8=2^3$, $12=2^2 \times 3$이므로 최소공배수는

$2^3 \times 3=24$가 된다.

17. 두 수 $2^2 \times 5$, $2^a \times 5^b \times 7$의 최소공배수가 $2^3 \times 5^3 \times 7$일 때,

　　$a+b$의 값으로 옳은 것은?

　　① 2　　　　　　② 3　　　　　　③ 4

　　④ 5　　　　　　⑤ 6

[정답] ⑤

[해설] $a=3$, $b=3$이므로 $a+b=6$이다.

18. 다음 중 최소공배수가 24인 두 수의 공배수인 것은?

　　① 12　　　　　　② 16　　　　　　③ 30

　　④ 40　　　　　　⑤ 48

[정답] ⑤

[해설] 두 수의 공배수는 최소공배수의 배수이므로 보기 중에서 24의 배
수는 ⑤ 48=24×2이다.

ch.2 정수, 유리수 걱정 마!

1. 다음과 같이 부호를 써서 나타낸 수가 적당하지 <u>않은</u> 것은?

   ① 5kg 증가 : +5kg

   ② 10점 감소 : −10 점

   ③ 영상 3°C : +3°C

   ④ 해발 200m : −200m

   ⑤ 1000원 이익 : +1000원

[정답] ④

[해설] 해발 200m : +200m   해저 200m : −200m

2. 〈보기〉에서 정수와 유리수에 대한 설명으로 옳은 것만을 있는 대로 고른 것은?

〈보기〉	
ㄱ. 0은 유리수이다.	ㄴ. 자연수는 정수이다.
ㄷ. 3은 유리수이다.	ㄹ. −1은 정수이므로 유리수가 아니다.

① ㄱ   ② ㄴ   ③ ㄷ

④ ㄱ, ㄴ   ⑤ ㄱ, ㄴ, ㄷ

[정답] ④

[해설] ㄹ. 정수는 모두 유리수에 포함된다. −1은 정수이므로 유리수이다.

3. 다음 중 옳지 않은 것은?

① 정수는 음의 정수와 양의 정수로 나누어진다.

② 2와 11은 서로소이다.

③ +3과 −3은 절댓값이 같다.

④ 모든 정수는 유리수이다.

⑤ 분수 꼴로 나타낼 수 있는 수는 모두 유리수이다.

[정답] ①

[해설] 정수는 음의 정수, 0, 양의 정수로 나누어진다.

4. 다음 중 정수가 아닌 유리수를 모두 고르면? (정답 2개)

① $-\dfrac{2}{4}$　　　　　② -0.2　　　　　③ $+\dfrac{9}{3}$

④ 2^2　　　　　⑤ 0

[정답] ①, ②

[해설] $+\dfrac{9}{3}=+3$이고, $2^2=4$, $-\dfrac{2}{4}=-\dfrac{1}{2}$ 이므로 정수가 아닌 유리수는

$+\dfrac{9}{3}$, $-\dfrac{2}{4}$, -0.2이다.

5. 절댓값이 가장 큰 수는?

① 0   ② -2 ③ -6

④ $\dfrac{5}{2}$ ⑤ -3

[정답] ③

[해설] 0으로부터 가장 멀리 떨어져 있는 수는 -6

6. $-2 \leq x < \dfrac{7}{3}$ 일 때, 정수 x의 개수는?

① 1개   ② 2개   ③ 3개

④ 4개   ⑤ 5개

[정답] ⑤

[해설] 정수 x는 -2, -1, 0, 1, 2이므로 5개이다.

7. 대소 관계로 옳지 <u>않은</u> 것은?

   ① $-100 < 0$ ② $-10000 > 2$ ③ $-1 < 500$

   ④ $|-300| < |+700|$ ⑤ $|+4| < |-100|$

[정답] ②

[해설] ② 음수는 양수보다 작다. 따라서 $-10000 < 2$가 맞다.

8. 절댓값이 5인 음수와 절댓값이 1인 양수의 합은?

   ① -4 ② -2 ③ $+2$

   ④ $+4$ ⑤ $+6$

[정답] ①

[해설] 절댓값이 5인 음수는 -5이고, 절댓값이 1인 양수는 1이므로
       $-5 + 1 = -4$이다.

9. 다음 설명 중 옳은 것은?

① a는 2 이하이다. ⇒ $a<2$

② a는 4보다 크지 않다. ⇒ $a<4$

③ a는 8미만이다. ⇒ $a\leq8$

④ a는 -3보다 크거나 같고 0보다 작다. ⇒ $-3\leq a<0$

⑤ a는 -1과 3 사이에 있다. ⇒ $-1\leq a\leq3$

[정답] ④

[해설] ① $a\leq2$

② a는 4보다 작거나 같다에서 $a\leq4$

③ $a<8$

⑤ $-1<a<3$

10. 다음 중 계산이 <u>틀린</u> 것은?

① $(+3)-(+8)=(+5)$

② $(+3)-(-2)=(-1)$

③ $(-3)-(-6)=(+3)$

④ $(+2)+(-7)=(-5)$

⑤ $(-3)+(-7)=(-10)$

[정답] ②

[해설] ② $(+3)-(-2)=(+3)+(+2)=5$

11. $(-12)-(+5)-(-4)$의 값으로 옳은 것은?

① -13 ② 0 ③ $+13$

④ -16 ⑤ 16

[정답] ①

[해설] $(-12)+(-5)+(+4)=(-17)+(+4)=-13$

12. $(+6)-(-10)+(-6)$를 계산하면?

① 1 ② 6 ③ 10

④ -6 ⑤ 11

[정답] ③

[해설] $(+6)-(-10)+(-6)=(+6)+(+10)+(-6)=10$

13. $-\dfrac{5}{17}$ 의 역수는?

① -1 ② 1 ③ $\dfrac{17}{5}$

④ $-\dfrac{17}{5}$ ⑤ $\dfrac{5}{17}$

[정답] ④

[해설] 유리수 $\dfrac{a}{b}$ 의 역수는 $\dfrac{b}{a}$ 이므로 $-\dfrac{5}{17}$ 의 역수는 $-\dfrac{17}{5}$ 이다.

14. $(-1)^{1001}+(-1)^{1200}$ 을 계산하면?

① -2201 ② -2 ③ 2

④ 0 ⑤ 1

[정답] ④

[해설] $(-1)^{1001}=(-1)$, $(-1)^{1200}=+1$ 이므로

$(-1)+(+1)=0$

15. 식 $\left(+\dfrac{7}{3}\right) \div \left(-\dfrac{2}{3}\right)$을 계산하면?

① $+\dfrac{7}{2}$ ② $-\dfrac{7}{2}$ ③ $+\dfrac{7}{3}$

④ $-\dfrac{7}{3}$ ⑤ $-\dfrac{7}{9}$

[정답] ②

[해설] $\left(+\dfrac{7}{3}\right) \times \left(-\dfrac{3}{2}\right) = -\dfrac{7}{2}$

16. 다음 안에 들어갈 알맞은 것을 차례대로 구하면?

> • 두 수의 곱이 ⬚가⬚ 이 될 때, 한 수를 다른 수의 역수라고 한다.
> • 예를 들어 −5의 역수는 ⬚나⬚ 이고, $\dfrac{13}{3}$의 역수는 ⬚다⬚ 이다.

	가	나	다		가	나	다
①	−1	$\dfrac{1}{5}$	$-\dfrac{3}{13}$	②	0	$-\dfrac{1}{5}$	$\dfrac{3}{13}$
③	0	$+5$	$-\dfrac{3}{13}$	④	1	$-\dfrac{1}{5}$	$\dfrac{3}{13}$
⑤	1	$\dfrac{1}{5}$	$-\dfrac{3}{13}$				

[정답] ④

[해설] 두 수의 곱이 1일 때 두 수는 서로가 역수관계에 있다. 이때 $-5 \times \left(-\dfrac{1}{5}\right)$ $=1$이므로 −5의 역수는 $-\dfrac{1}{5}$이고, $\dfrac{13}{3} \times \dfrac{3}{13} = 1$이므로 $\dfrac{13}{3}$의 역수는 $\dfrac{3}{13}$ 이다.

17. 다음 중 가장 큰 수는?

① $(-3)^3$ ② -3^3 ③ $-(-3)^3$

④ $(-3)^2$ ⑤ -3^2

[정답] ③

[해설] ① -27 ② -27 ③ $-(-27)=27$ ④ 9 ⑤ -9

18. 다음에서 계산 결과가 나머지 넷과 다른 하나는?

① $2 \times 5 \times 6$ ② $(-3) \times (-2) \times (+5)$ ③ $(-10) \times (-6)$

④ 3×20 ⑤ $(-3) \times 2 \times (-10)$

[정답] ②

[해설] ① $2 \times 5 \times 6 = 10 \times 6 = 60$

② $(-3) \times (-2) \times (+5) = (+6) \times (+5) = +30$

③ $(-10) \times (-6) = 60$

④ $3 \times 20 = 60$

⑤ $(-3) \times 2 \times (-10) = (-6) \times (-10) = 60$

19. 가장 나중에 계산해야 되는 것은?

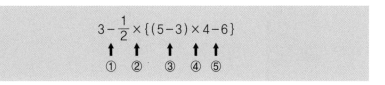

[정답] ①

[해설] 계산순서를 정할 때 괄호가 있으면 소괄호, 중괄호 순으로 계산하고, 사칙연산중 곱셈과 나눗셈을 먼저, 덧셈과 뺄셈을 나중에 한다. 따라서 계산순서는 ③-④-⑤-②-① 이다.

20. 다음을 바르게 계산한 것은?

$$5-[2\times\{(-2)+5\}-4]$$

① 1   ② 2   ③ 3
④ 4   ⑤ 5

[정답] ③

[해설] $5-[2\times\{(-2)+5\}-4]$
$=5-(2\times3-4)$
$=5-(6-4)=5-2=3$

21. 다음 물음에 답하시오.

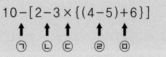

$$10-[2-3\times\{(4-5)+6\}]$$

ⓐ ⓑ ⓒ ⓓ ⓔ

(1) ㉠~㉤를 계산순서에 맞춰 나열할 때 세 번째로 계산하는 과정을 고르시오.

(2) 주어진 식을 계산하시오.

[정답] (1) ㉢   (2) 23

[해설] (1) 계산 순서는 ㉣-㉤-㉢-㉡-㉠이다.

(2) $10-[2-3\times\{(4-5)+6\}]$

$=10-[2-3\times\{(-1)+6\}]$

$=10-(2-3\times5)$

$=10-(2-15)=10-(-13)=10+(+13)=23$

ch.3 방정식 걱정 마!

1. 500원짜리 사탕 x개와 100원짜리 초콜릿 y개를 샀을 때 지불해야 하는 금액을 올바르게 나타낸 식은?

① $500x+100y$(원)　　② $100y+500x$(원)　　③ $500x-100y$(원)

④ $600+x+y$(원)　　⑤ $600(x+y)$(원)

[정답]　①

[해설]　500원짜리 사탕 x개의 금액은 $500x$원,

100원짜리 초콜릿 y개의 금액은 $100y$원,

전체 지불해야 하는 금액은 $500x+100y$원

2. 다음을 문자를 사용한 식으로 간단히 나타내시오.

> 농구 시합에서 2점 슛 a개와 3점 슛 b개를 넣었을 때의 총 득점

[정답]　$2a+3b$

[해설]　2점 슛을 a개 넣으면 $2a$점, 3점 슛을 b개 넣으면 $3b$점이므로 총 득점은 $2a+3b$점이다.

3. $x \div y \times z$을 나눗셈 기호를 생략하여 나타내면?

① $\dfrac{xy}{z}$ ② $\dfrac{x}{yz}$ ③ $\dfrac{xz}{y}$

④ $\dfrac{y}{xz}$ ⑤ $\dfrac{z}{xy}$

[정답] ③

[해설] $\dfrac{x}{y} \times z = \dfrac{xz}{y}$

4. $a = 2$일 때 $3 + 2a$의 값은?

① 2   ② 7   ③ 9

④ 10   ⑤ 12

[정답] ②

[해설] $3 + 2a = 3 + 2 \times 2 = 7$

5. $a = -\dfrac{1}{3}$일 때 식의 값이 가장 큰 것은?

① a ② $-\dfrac{1}{a}$ ③ a^2

④ $\dfrac{1}{a^2}$ ⑤ $-a^2$

[정답] ④

[해설] ① $a = -\dfrac{1}{3}$ ② $-\dfrac{1}{a} = (-1) \div a = (-1) \div \left(-\dfrac{1}{3}\right) = (-1) \times (-3) = 3$

③ $\left(-\dfrac{1}{3}\right)^2 = \dfrac{1}{9}$ ④ $\dfrac{1}{a^2} = 1 \div a^2 = 1 \div \left(-\dfrac{1}{3}\right)^2 = 1 \div \left(+\dfrac{1}{9}\right) = 1 \times 9 = 9$

⑤ $-a^2 = -\left(-\dfrac{1}{3}\right)^2 = -\dfrac{1}{9}$

6. x에 관한 일차식은?

① $2x^2 + 5$ ② $3 + 2x - x^2$ ③ $\dfrac{x-5}{2}$

④ $2x + 1 - 2x$ ⑤ $y + 1$

[정답] ③

[해설] ① x에 대한 이차식

② x에 대한 이차식

③ x에 대한 일차식

④ $2x + 1 - 2x = (2-2)x + 1 = 1$ 상수

⑤ y에 대한 일차식

7. 식 $2x^2 - \dfrac{x}{2} - 7$에 대한 설명으로 바르게 말한 사람을 고르시오.

> - 성린 : 상수항은 7이야.
> - 성하 : x의 계수는 $\dfrac{1}{2}$이야.
> - 미니 : x에 대한 일차식이야.
> - 지영 : 항이 3개인 다항식이야.
> - 준호 : $-\dfrac{x}{2}$와 $2x^2$은 동류항이야.

[정답] 지영

[해설] • 성린 : 상수항은 -7이다.

  • 성하 : x의 계수는 $-\dfrac{1}{2}$이다.

  • 미니 : x에 대한 이차식이다.

  • 준호 : $-\dfrac{x}{2}$, $2x^2$는 문자는 같지만 차수가 다르므로 동류항이 아니다.

8. 다항식 $4x^2 + 5x - 1$에서 x의 계수를 a, 상수항을 b, 다항식의 차수를 c라고

   할 때, $a - b + c$의 값은?

   ① 2   ② 4   ③ 6

   ④ 8   ⑤ 10

[정답] ④

[해설] $a = 5$, $b = -1$, $c = 2$일 때, $a - b + c = 5 - (-1) + 2 = 8$

9. 다음 중 옳은 것은?

① 문자 앞에 곱해진 수를 차수라고 한다.

② 문자를 곱할 때는 곱셈기호를 생략하고 거듭제곱을 이용한다.

③ 다항식에서 차수는 모든 항의 차수를 더해서 구한다.

④ 문자와 숫자의 곱은 곱셈기호만 생략하면 된다.

⑤ 동류항이란 문자가 같은 항을 말한다.

[정답] ②

[해설] ① 문자 앞에 곱해진 수를 계수라고 한다.

③ 다항식에서 차수는 차수가 가장 높은 항의 차수를 말한다.

④ 곱셈 기호를 생략한 후 숫자를 문자 앞에 쓴다.

⑤ 동류항은 문자와 차수가 같은 항을 말한다.

10. 다음 중 옳은 말을 한 학생을 모두 고른 것은?

성린 : 두 자연수 중 하나가 소수이면 둘은 서로소야.
성하 : 두 수의 곱이 양수이면 둘 다 양수야.
지영 : $-x$와 x^2은 모두 문자 x가 쓰였으니까 동류항이야.
동현 : $2x$는 다항식이야.
상언 : x의 값에 따라 참이 되기도 하고, 거짓이 되기도 하는 등식을 방정식이
라고 해.

① 성린　　　　　② 성하　　　　　③ 지영
④ 동현　　　　　⑤ 상언

[정답] ④, ⑤

[해설] 성린 : 2와 4는 서로소가 아니다.

성하 : 두 수의 곱이 양수이면 둘 다 양수이거나 둘 다 음수이다.
두 수의 부호가 같다.

지영 : $-x$와 x^2은 문자는 같지만 차수가 다르기 때문에 동류항이
아니다.

동현 : $2x$는 단항식이면서 다항식이다. (항이 하나인 단항식을 포함
해서 항이 여러 개인 식들도 모두 다 다항식이다.)

11. 계산 결과가 옳지 <u>않은</u> 것은?

① $-2a \times 3 = -6a$ ② $-2b \div (-7) = \dfrac{2b}{7}$ ③ $(-24a) \div \dfrac{3}{4} = -18a$

④ $(-3x+4) \times 2 = -6x+8$ ⑤ $(4x-6) \div \dfrac{2}{5} = 10x-15$

[정답] ③

[해설] ③ $(-24a) \times \dfrac{4}{3} = -32a$

12. $4(2a-5)-(a-10)$를 계산하였을 때, a의 계수와 상수항의 합은?

① 0   ② -6 ③ -3

④ 3   ⑤ 6

[정답] ②

[해설] $4(2a-5)-(a-10) = 8a-20-a+10 = 7a-10$

따라서 a의 계수와 상수항의 합은 $7+(-10)=-3$이다.

13. $A=x-2y+1$, $B=x-y+2$일 때, $3A+2B$를 간단히 한 것은?

① $5x-8y+7$ ② $5x-4y+1$ ③ $x-4y+3$

④ $2x-3y+3$ ⑤ $x-8y+5$

[정답] ①

[해설] $3(x-2y+1)+2(x-y+2)$

$\qquad =3x-6y+3+2x-2y+4$

$\qquad =5x-8y+7$

14. $\dfrac{x-3}{2}+\dfrac{2x-1}{3}$ 을 간단히 하면 $ax+b$이다. 이때 상수 a, b에 대하여 의 값은?

① $-\dfrac{2}{3}$ ② $\dfrac{2}{3}$ ③ -4

④ $+4$ ⑤ 0

[정답] ①

[해설] 6으로 통분하면 $\dfrac{3(x-3)+2(2x-1)}{6}=\dfrac{3x-9+4x-2}{6}=\dfrac{7x-11}{6}$

$\qquad a=\dfrac{7}{6}$, $b=-\dfrac{11}{6}$일 때 $a+b=\left(+\dfrac{7}{6}\right)+\left(-\dfrac{11}{6}\right)=-\dfrac{4}{6}=-\dfrac{2}{3}$ 이다.

15. 다음 중 등식을 모두 고르면? (정답 2개)

① $7+3=10$　　　② $4x+2y$　　　③ $3-5<3$

④ $2(x-3)$　　　⑤ $x+3=2x-5$

[정답] ①, ⑤

[해설] 등호가 있는 식을 등식이라고 한다.

　　② x, y에 대한 일차식

　　③ 부등식

　　④ x에 대한 일차식

16. 등식 $3(x+a)=3x+15$가 x에 관한 항등식일 때, a의 값은?

① -5　　　② -3　　　③ 0

④ 3　　　⑤ 5

[정답] ①

[해설] $3(x+a)=3x+15$의 좌변의 괄호를 풀면 $3x+3a=3x+15$인데

　　이 식이 x에 관한 항등식이므로 $3a=15$

　　$\therefore a=5$

17. 일차방정식에서 밑줄 친 항을 바르게 이항한 것은?

① $2x\underline{+6}=4 \Rightarrow 2x=4+6$

② $5x\underline{-1}=3 \Rightarrow 5x=3-1$

③ $3x=\underline{x}+2 \Rightarrow 3x+x=2$

④ $7x\underline{+4}=\underline{2x}-3 \Rightarrow 7x-2x=-3+4$

⑤ $\underline{4}-9x=\underline{3x}-5 \Rightarrow -3x-9x=-5-4$

[정답] ⑤

[해설] ① $2x=4-6$

② $5x=3+1$

③ $3x-x=2$

④ $3x-2x=-3-4$

18. 다음은 방정식 $\frac{1}{4}x-3=-6$을 등식의 성질을 이용하여 푸는 과정이다.

①~⑤에 알맞은 수가 <u>아닌</u> 것은?

$$\frac{1}{4}x-3=-6$$
$$\frac{1}{4}x-3+(①)=-6+(②)$$
$$\frac{1}{4}x=(③)$$
$$\frac{1}{4}x\times(④)=(⑤)$$
$$\therefore\ x=-12$$

① 3　　　　　② 3　　　　　③ 0

④ 4　　　　　⑤ −12

[정답] ③

[해설] $\frac{1}{4}x-3=-6$의 양변에 3을 더하면

$\frac{1}{4}x-3+3=-6+3$

$\frac{1}{4}x=-3$의 양변에 4를 곱하면

$\frac{1}{4}x\times4=-3\times4$

$\therefore x=-12$

따라서 ①~⑤에 알맞은 수는 ① 3 ② 3 ③ −3 ④ 4 ⑤ −12이다.

19. 일차방정식 $2x+3=-17$을 풀면?

① $x=-10$ ② $x=-5$ ③ $x=-2$

④ $x=2$ ⑤ $x=5$

[정답] ①

[해설] $2x+3=-17$

$2x=-17-3$

$2x=-20$

$\therefore x=-10$

20. $0.5x-0.9=0.2x-0.3$을 풀면?

① $x=6$ ② $x=-6$ ③ $x=0$

④ $x=-2$ ⑤ $x=2$

[정답] ⑤

[해설] 양변에 10을 곱하면

$5x-9=2x-3$

$5x-2x=-3+9$

$3x=6$

$\therefore x=2$

21. 다음 방정식의 해를 구하면?

$$3x + \frac{x-3}{2} = 5$$

① $x = \dfrac{4}{3}$ ② $x = \dfrac{7}{13}$ ③ $x = \dfrac{13}{7}$

④ $x = \dfrac{11}{7}$ ⑤ $x = \dfrac{5}{2}$

[정답] ③

[해설] $3x + \dfrac{x-3}{2} = 5$의 양변에 2를 곱하면

$6x + x - 3 = 10$ $7x = 13$

$\therefore x = \dfrac{13}{7}$

ch.4 함수 걱정 마!

1. 다음 중 x의 값이 2배, 3배, 4배가 됨에 따라 y의 값은 $\frac{1}{2}$배, $\frac{1}{3}$배, $\frac{1}{4}$배가 되는 것은?

① $y=-2x$　　　　② $y=7x$　　　　③ $y=\dfrac{2}{x}$

④ $y=\dfrac{x}{5}$　　　　⑤ $y=3x-4$

[정답] ③

[해설] x가 2, 3, 4…배 일 때 y가 $\dfrac{1}{2}$, $\dfrac{1}{3}$, $\dfrac{1}{4}$… 배가 되는 관계는 반비례 관계이고, 관계식은 $y=\dfrac{a}{x}$꼴이다.

2. ㉠□, ㉡□, ㉢□을 채우시오.

> • 두 변수 x, y에 대하여 x의 값이 변함에 따라 y의 값이 하나씩 정해질 때, y를 x의 ㉠□라 하고, 이것을 기호로 ㉡□와 같이 나타낸다.
> • 함수 $y=f(x)$에서 x의 값이 변함에 따라 하나로 정해지는 y의 값을 x의 ㉢□이라고 한다.

[정답] ㉠ 함수　㉡ $y=f(x)$　㉢함숫값

[해설] ㉠ 함수 : : x에 대응하는 y의 값이 오직 하나로 정해질 때 y를 x의 함수라 한다.

이것을 기호로 나타내면 ㉡$y=f(x)$이다. x값이 변함에 따라 하나로 정해지는 y의 값을 x의 ㉢함숫값이라고 한다.

3. 함수 $f(x)=3x$에 대하여 함숫값 $f(-3)$의 값은?

① -9　　　　　② -6　　　　　③ 3

④ 6　　　　　⑤ 9

[정답] ①

[해설] $f(-3)=3\times(-3)=-9$

4. 함수 $f(x)=12x$에서 $f(2)+f(-3)$의 값을 구하면?

① -12　　　　　② 12　　　　　③ 24

④ 36　　　　　⑤ -60

[정답] ①

[해설] $f(2)=12\times2=24$, $f(-3)=12\times(-3)=-36$

$\therefore f(2)+f(3)=24+(-36)=-12$

5. 함수 $f(x) = \dfrac{6}{x}$ 에 대하여 $f(a) = 3$일 때, 상수 a의 값은?

① 1 ② 2 ③ 3

④ 4 ⑤ 5

[정답] ②

[해설] $f(a) = \dfrac{6}{a} = 3$, $3a = 6$ $\therefore a = 2$

6. 좌표평면 위의 점 A, B, C, D, E의 좌표를 나타낸 것 중 옳지 <u>않은</u> 것은?

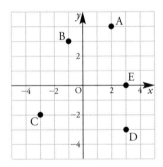

① A(2, 4) ② B(−1, 3) ③ C(3, −2)

④ D(3, −3) ⑤ E(3, 0)

[정답] ③

[해설] ③ C(−3, −2)

7. 점 (a, b)가 제3사분면에 위치할 때, 점 $(ab, a+b)$가 위치하는 사분면은?

① 제1사분면   ② 제2사분면   ③ 제3사분면

④ 제4사분면   ⑤ x축에 위치한다.

[정답] ④

[해설] 제3사분면 위의 점은 x, y좌표 모두 음수이므로 $a<0$, $b<0$일 때 $ab>0$, $a+b<0$이므로 $(ab, a+b)$는 제4사분면 위의 점이다.

8. 함수 $y = \dfrac{a}{x}$의 그래프가 점 $P(-2, 3)$를 지날 때, a의 값은?

① -6 ② -3 ③ -2

④ 1 ⑤ 2

[정답] ①

[해설] $y = \dfrac{a}{x}$가 점 $P(-2, 3)$를 지나므로

$x=-2$, $y=3$를 대입하면 $3 = \dfrac{a}{-2}$, $a=-6$

9. 〈보기〉에서 함수 $y = \dfrac{12}{x}$ 의 그래프 위에 있는 점만을 있는 대로 고른 것은?

〈보기〉

ㄱ. $(-1, -12)$ ㄴ. $(2, 6)$

ㄷ. $(3, 4)$ ㄹ. $\left(8, \dfrac{1}{2}\right)$

① ㄱ, ㄴ   ② ㄱ, ㄹ   ③ ㄷ, ㄹ

④ ㄱ, ㄴ, ㄷ   ⑤ ㄴ, ㄷ, ㄹ

[정답] ④

[해설] ㄹ. $x = 8$일 때 $y = \dfrac{12}{8} = \dfrac{3}{2}$ 이므로 점 $\left(8, \dfrac{3}{2}\right)$ 를 지난다.

10. 다음을 만족하는 함수식은?

• 원점을 지나는 직선이다.
• $x=5$일 때, 함수값 $f(5)=-25$이다.

① $y = -x$ ② $y = -5x$ ③ $y = 5x$

④ $y = \dfrac{10}{x}$ ⑤ $y = -\dfrac{5}{x}$

[정답] ②

[해설] 원점을 지나는 직선이므로 $y = ax$라 하고, $x = 5$일 때,

$f(5) = -25$이므로 $-25 = 5a$, $a = -5$이므로 함수의 식은 $y = -5x$